艺术设计系列教材

LANDSCAPE DESIGN BASICS

景观设计初步

刘清清 刘令贵 著

西安交通大学出版社
XI'AN JIAOTONG UNIVERSITY PRESS
国家一级出版社
全国百佳图书出版单位

图书在版编目（CIP）数据

景观设计初步 / 刘清清，刘令贵著. —西安：西安交通大学出版社，2019. 1

ISBN 978-7-5693-1087-0

Ⅰ. ①景… Ⅱ. ①刘… ②刘… Ⅲ. ①景观设计-教材 Ⅳ. ①TU983

中国版本图书馆CIP数据核字（2019）第010460号

书　　名　景观设计初步
著　　者　刘清清　刘令贵
责任编辑　赵怀瀛

出版发行　西安交通大学出版社
（西安市兴庆南路1号　邮政编码　710048）
网　　址　http://www.xjtupress.com
电　　话　（029）82668357　82667874（发行中心）
（029）82668315（总编办）
传　　真　（029）82668280
印　　刷　西安金鼎包装设计制作印务有限公司

开　　本　889 mm × 1194 mm　1/16　**印　张**　13　**字　数**　255千字
版次印次　2019年11月第1版　2019年11月第1次印刷
书　　号　ISBN 978-7-5693-1087-0
定　　价　65.00元

读者购书、书店添货或发现印装质量问题，请与本社发行中心联系调换。
订购热线（029）82665248　（029）82665249
投稿热线（029）82668133
电子信箱　xj_rwjg@126.com

前言

PREFACE

景观设计师的终生目标和工作就是帮助人类，使人、建筑物、社区、城市以及他们的生活，同生活的地球和谐相处。（约翰·O.西蒙兹）

景观设计是一个注重实践的综合应用型专业，也是一个融合了生态学、地理学、艺术学等学科理念与方法，以建筑学、规划学、设计学等为基本技术依托的交叉专业。

现代景观设计从19世纪中叶发展至今，发生了几个层面的重大转变。空间上，由注重空间视觉审美为主的娱乐和装饰转变为多种感官体验下的多元功能实现；观念上，由无节制开发、利用自然转变为强调人与自然和谐共生；元素上，从传统的地形、植物、水景等元素发展为人文元素、心理体验元素的渗透；技术上，从传统设计工具、建造技术发展为数字化技术、新材料、新结构、新技术应用。这些转变正是基于全球化背景下，景观及景观设计越来越作为一种系统关系——人与人、人与自然、人与地球——考量下发生的。

本书在纲目统筹和内容编写上正是基于空间、观念、元素、技术四个方面展开逻辑阐述的，从设计体系、设计观念、设计空间、设计表达、设计未来五个方面对景观设计进行系统阐述。绪论（当今人居环境）讨论了人口增长和城市化带来的各种人居问题，提出“景观作何为”的疑问。第1章（设计体系）将景观作为一种系统概念，分别介绍了景观的相关概念、专业体系。第2章（设计观念）筛选了10种观念进行介绍与讨论，这些都是在当今景观设计潮流中设计师必须具备的先导观念。第3章（设计空间）定义和讨论了组成景观空间的形式、元素和要素，这是景观设计的空间认知基础。第4章（设计表达）展示了设计工作程序的全过程，为设计师以及设计链条上相关各方之间建立有效的沟通。第5章（设计未来）从转变社

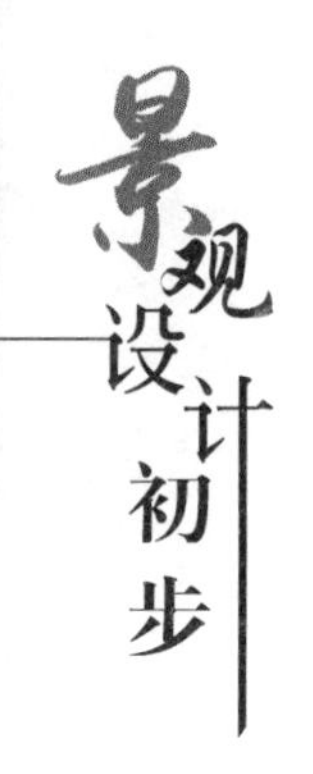

会角色、提高设计效益、关注日常生活、实现创新务实、推进专业教育五个方面对景观设计未来发展提出了展望。

在编排特色上，先是介绍了相关内容的基本要点（观点、发展等），之后安排了针对性的关注热点或设计专题，进而提出了设计导则或建议，并通过对日常设计和生活的观察记录，让读者深刻、生动地理解景观内涵。本书由刘清清统筹和编写纲目，由刘清清和刘令贵共同商讨具体内容，具体分工为：刘清清编写第1、2、5章，刘令贵编写第3、4章，最后由刘清清校订统稿。本书图文并茂，精心筛选经典案例和大量当今景观设计案例，重点突出景观设计的历史延续与当今发展的结合。

在编写过程中，我们得到了许多帮助，在此向他们致以真挚的敬意和衷心的感谢，包括西安交通大学人文学院艺术系的领导和同仁们的支持与鼓励，硕士研究生陈培强、王嘉毅等同学为整理图表、参考文献和绘制线稿所付出的努力，以及西安交通大学出版社赵怀瀛编辑辛勤而颇见难度的校对与持续努力。

本书可以作为高等院校建筑、规划、景观、园林、环境设计等相关专业学生学习的教材和参考书，也可为从事实践的景观设计师的日常设计和继续学习提供参考。

由于编者水平有限，加之编写时间仓促，书中难免存在不足之处，恳请广大读者批评指正。

编者

目录

CONTENTS

绪 论

当今人居环境

人居环境，顾名思义，是人类聚居生活的地方，是与人生存活动密切相关的地表空间，它是人类在大自然中赖以生存的基础，是人类利用自然、改造自然的主要场所。

——吴良镛

过去的20世纪是人类物质文明高度发达的时代，人居环境发生着深刻的变化：一是20世纪世界人口翻了两番，超过60亿，人口爆炸后的环境压力与日俱增；二是社会生产力的极大提高和经济规模的空前扩大，城市更新速度加快；三是自然资源的过度开发与消耗，污染物质的大量排放，导致全球性资源短缺、环境污染和生态破坏。由此，进入21世纪后世界面临人口、环境、资源和经济、社会发展失衡的严峻挑战，同时也蕴含着诸多机遇。那么，景观设计在时代浪潮中又充当着怎样的角色呢？

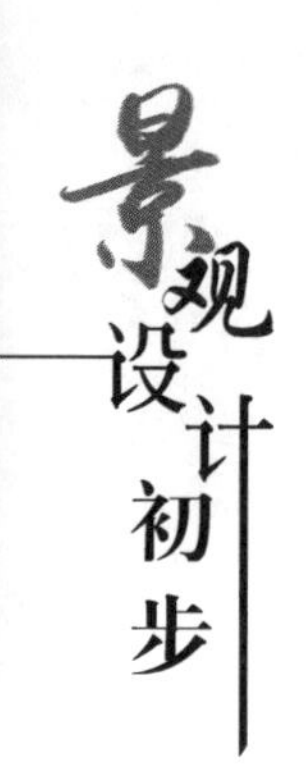

0.1 人口增长

1.世界人口

公元元年以前，世界人口增长缓慢。进入18世纪中叶之后，由于工业革命的推动，世界人口加速增长。据统计，自进入19世纪以来至今的两百多年里，世界人口每增长10亿所需时间越来越短（见表0–1）。20世纪也是有史以来人口爆发式增长的一百年，人口总数较前一世纪翻了三倍多。

表 0–1　世界每增长1亿或10亿人口所需时间

人口	年份（约）	需要的时间（约）
1亿	公元前400年	—
2亿	600年	1000年
3亿	1100年	500年
4亿	1500年	400年
5亿	1600年	200年
7亿	1700年	100年
10亿	1804年	104年
20亿	1927年	123年
30亿	1960年	33年
40亿	1974年	14年
50亿	1987年	13年
60亿	1999年	12年

人口	年份（约）	需要的时间（约）
70亿	2011年	12年
80亿	2027年	预计15年
90亿	2046年	预计19年

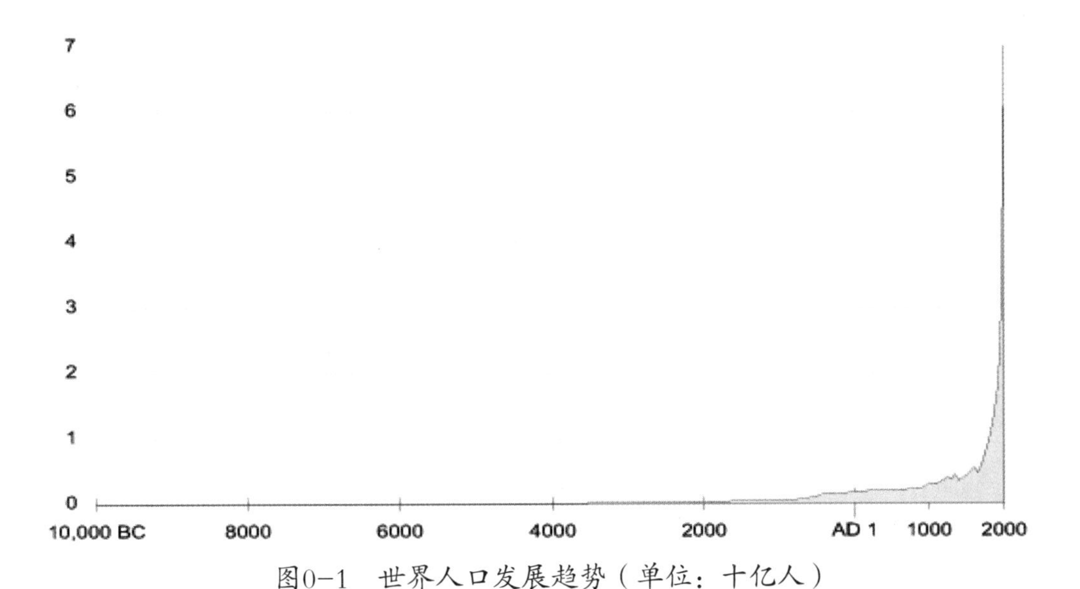

图0-1　世界人口发展趋势（单位：十亿人）

现在地球每秒增加4~5个人。联合国人口基金会公布的统计数字显示，2011年10月世界人口突破70亿。联合国最新发布的《世界人口展望（2015年修订版）》报告称，截至2015年年中，全球人口总量已达73亿，即在过去12年中增加了约10亿人口。该报告还预计，世界人口将在2030年之前达到85亿，2050年达到97亿，2100年达到112亿（见图0–1）。

与此同时，人口老龄化问题也日益严重。欧洲60岁以上人口在2050年将占其人口总量的34%，而在拉美、加勒比和亚洲，60岁以上人口也会从目前的11%~12%增长到25%以上。

2.中国人口

总体上而言，中国古代人口增长缓慢。从公元2年（西汉元始二年）的近6000万到1850年的4.3亿，总数仅增长了7倍，年平均增长率仅约1‰。在这1800多年中，公元1100年左右人口才突破1亿（12世纪初的北宋），过了约500年超过2亿（17世纪初的明代），再过了不到250年超过4亿，至19世纪中叶达到4.3亿的新高峰。

进入20世纪以后，50年代中国人口开始出现高速增长，80年代增长到10亿多，

90年代末已突破了12亿大关（见图0–2）。到21世纪的第一个十年，中国人口已经超过13亿。尽管增长很快，但中国占世界总人口的比重始终保持在20%左右。

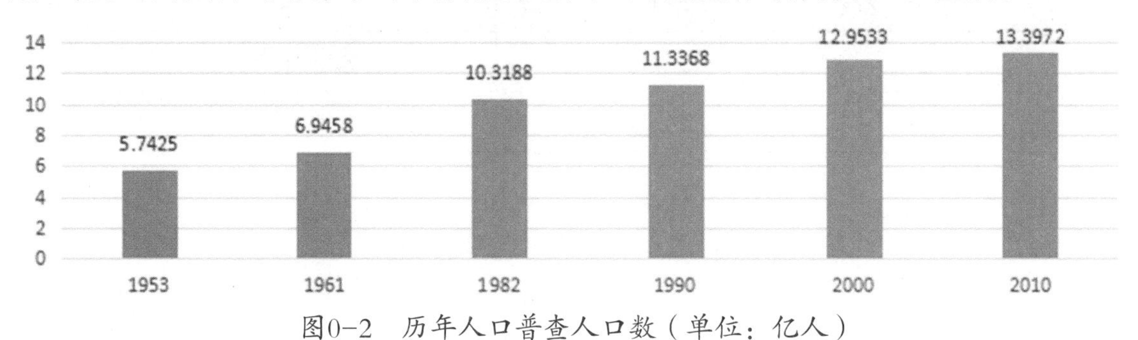

图0–2　历年人口普查人口数（单位：亿人）

资料来源：国家统计局

0.2 城市化

1. 城市化进程

城市化的历史并不等于城市发展史。有资料表明人类至今已有9000年的城市发展史，而世界城市化却起步于18世纪中叶的工业革命。工业革命改变了人类的生存方式和生产方式，造就了现代世界城市化的格局。

城市化进程的重要表现之一可描述为城市人口占总人口的比重不断上升。从1800—1950年，地球上的总人口增加了1.6倍，而城市人口却增加了23倍。据估计，1800年世界城市人口比重只有3%，1990年为45.5%，预计2025年将达到65%（见图0–3）。

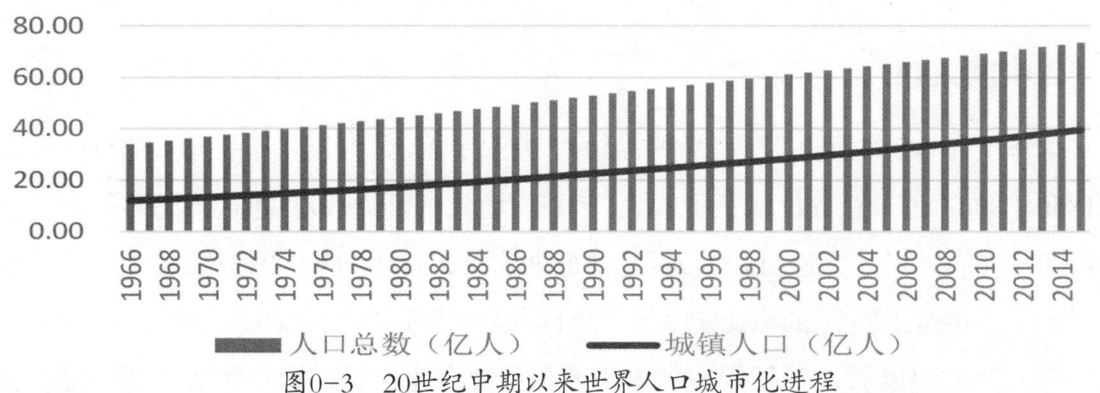

图0–3　20世纪中期以来世界人口城市化进程

一般认为，城市人口比重超过70%即被认为城市化完成。英国城市化至19世纪末比重才达72%左右，历时超过130年；美国至1970年城市化率达到73.6%，历时超过120年；日本至1970年城市化基本完成，用时接近100年。

城市化发展带来的直接结果是以城市人口计算的城市规模的扩大。世界10万人口以上的城市数目在1900年仅38座，1950年为484座，1970年增至844座；百万人口以上的大城市1950年为71座，1960年为73座，1970年为160座，1980年达234座，甚至出现了千万人口的“超级大城市”。

根据联合国人口与发展委员会2005年公布报告称，随着世界各国城市化进程的加快，人口超过1000万的“超级大城市”的数量也在迅速增加。截至2014年，“超级大城市”共有28座。

2. 中国城市化进程

我国自1999年达到30%的城市化拐点，预计高速城市化的进程可以持续到2030年。截至2011年中国的城市化水平超过50%，城市人口首次超过农村人口，而该比率却只相当于英国1851年的水平、美国1920年的水平、日本1950年的水平和韩国1970年的水平（见图0-4）。这表明中国已经结束了以乡村型社会为主体的时代，开始进入到以城市型社会为主体的新的城市时代。

城市化也带来了城市规模的扩大。2014年人口数据统计显示中国拥有6座人口超过1000万的超级城市、15座人口达500万~1000万的大城市和221座人口超过100万的城市，而目前整个欧洲，人口超过100万的城市不过35座。

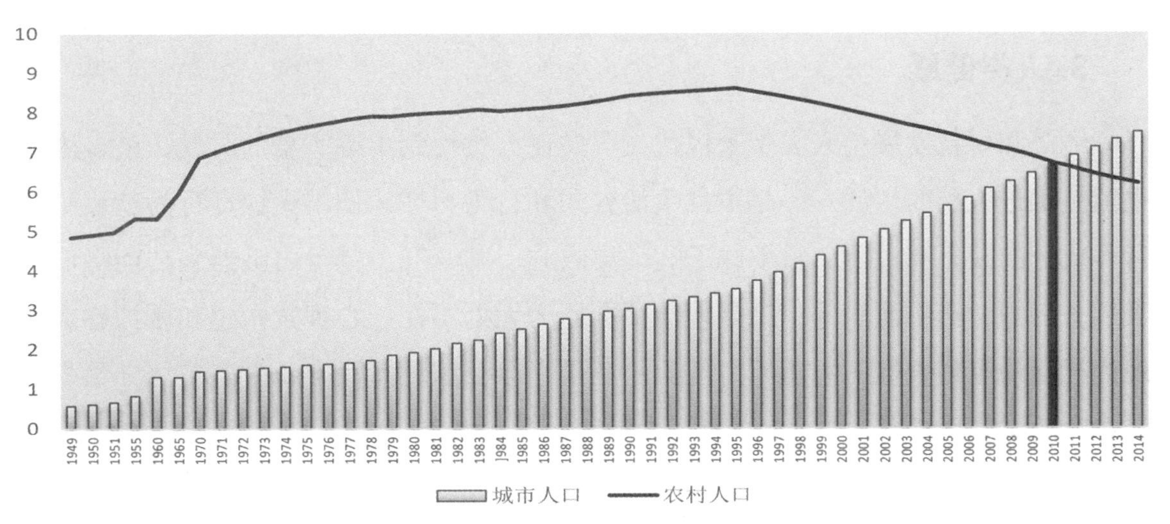

图0-4　1949年以来中国城市人口与农村人口变化曲线图（单位：亿人）

0.3 人居环境

1. 城市环境

随着城市化进程的加快，城市人口的急剧增加，资源危机、环境恶化，城市发展带来的负面影响已引起关注。城市规模过于庞大，城市功能过于集中，城市环境日趋恶化，城市个性日趋消泯，城市生活质量下降，这些问题给生活在城市的人们带来了烦恼和不便，也对城市的运行产生了一些影响。

2. 生态环境

联合国2005年3月公布的一份研究报告称，过去50年间世界人口的持续增长和经济活动的不断扩展对地球生态系统造成了巨大压力。人类活动已给地球上60%的草地、森林、耕地、河流和湖泊带来了消极影响。到目前为止已经威胁人类生存并已被人类认识到的环境问题主要有全球变暖、臭氧层破坏、酸雨、淡水资源危机、能源短缺、森林资源锐减、土地荒漠化、物种加速灭绝、垃圾成灾、有毒化学品污染等众多方面。

3. 人类健康

经济和科技发展给人类带来现代文明并使人类得到丰厚实惠的时候，诸多困扰也悄然走进人类的生活。一是不良生活方式和行为习惯，如不良饮食行为造成某些营养成分的缺乏和过剩，长期缺乏运动导致心、肺、肝、肾等内脏器官功能降低，吸烟、酗酒、药物滥用等；二是现代社会压力无处不在，心理紧张感和压抑感成为现代社会最有代表性的心理压力现象；三是当今全球环境污染、生态破坏导致与环境有关的疾病日益增多，威胁着作为生物圈一员的人类健康。

4. 文化观念

以社会化大生产为标志的现代社会，改变了传统社会原有的结构和运行机制，人们原来的生活方式和交往方式都发生了重大改变：从封闭到开放、从稳定到剧变，打乱了传统社会原有的认同模式和格局，表现在以下几个方面的冲突与迷失：传统文化与现代文化、民族文化与世界文化、地域文化与移民文化、城市文化与乡土文化等。

▲上海，市民在上海地铁四平路站3号出入口外一块空地上跳广场舞。

◎因场地、噪音、安全等问题而引发的“广场舞冲突”近年来屡见不鲜。这件事本质上是由于城市公共空间不足造成的。城市规划中因追求直观经济效益导致粗放式城市化发展，公共空间单一化，公共场地匮乏。缺乏对居民公共活动特性的思考这一弊端，随着百姓对精神生活需求的日益增长而越来越显得突出。

◀姚璐的《中国景观》系列作品 入围 2009年 PRIXPICTET 世界环保摄影奖

◎运用数码技术将今天的北京随处可见的一堆一堆由绿色（偶尔黑色）防尘布所遮掩的建筑材料或垃圾拼凑成一个个看似精心构思的青山绿水画面。亭台楼阁、小舟和工业建筑与材料并存于画面，让观者不免遥想着古往今来的沧桑变化之余，感叹人对自然的态度。

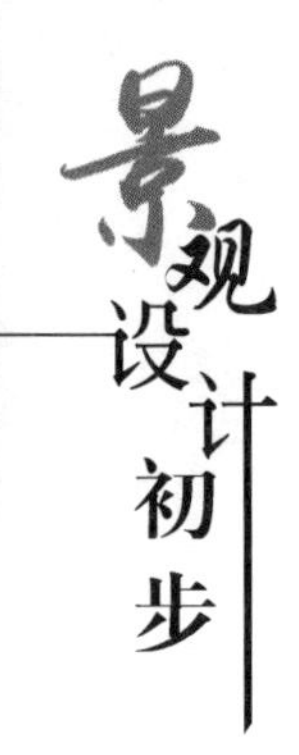

——热点关注：景观作何为？——迎接挑战

- 景观及景观设计面对人居环境问题该如何做出反省和选择呢？
- 景观是“第一自然”还是“第二自然”？
- 景观是属于自然空间还是社会空间？
- 景观是属于原生环境还是人造环境？
- 景观是外在的如画风景还是内在的生态格局？
- 景观是带有人的意志的功利性空间还是尊重生命的审美性空间？
- 景观是一个静止的事物还是一个运动的事物？
- 景观是功能的空间还是文化的容器？

……

- 景观设计是为人而用还是为所有生命而存在？
- 景观设计是一种社会行为还是一种个人行为？
- 景观设计是自然风景再造还是文化价值再生？
- 景观设计是依靠科学理性实现还是依靠艺术创作实现？
- 景观设计是为现在而设计还是为未来而设计？
- 景观设计是设计空间美感还是讲述空间故事？

……

- 景观设计师是满足个人理想还是满足公共审美诉求？
- 景观设计师是独立思考还是依附委托方？
- 景观设计师是要实现个人价值还是肩负社会责任？

……

这些选择是摆在景观设计师面前的现实问题。

或许，本书的相关阐述能对景观是什么，景观设计能做什么，景观设计师该怎么做等疑问的解开有所帮助和启示！

第1章

设计体系

1.1 相关概念

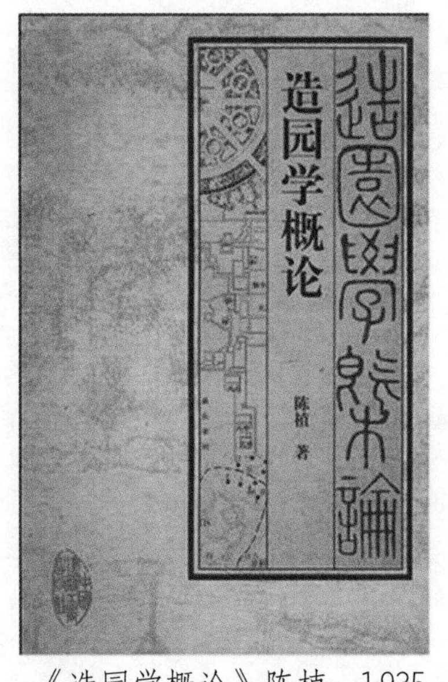

《造园学概论》陈植　1935

◀《说文解字》中对景、观的解释

◎《说文解字》中“景”意为“景，日光也”。段玉裁注：光所在处，物皆有阴。有光必有影，光和影共同成就了象，所以景具有象的含义。《说文解字》中“观”解释为“谛视也”。谛的意思是审视与细察。陈植先生早在1935年出版的《造园学概论》中有两处使用到景观一词，当时的景观已有景色、景物、景致的含义。

1. 景观

从中英文的词源来看，景观一词的早期含义都与视觉有关，换言之，大多指通过人的裸眼所观察到的风景本身。

英语中的“景观”一词，最早见于希伯来文的《旧约全书》，为landscape，被用来描述圣城耶路撒冷所罗门王子瑰丽的神殿以及具有神秘色彩的皇宫和庙宇。这时“景观”可以理解为“风景”“景色”，都是视觉美学的含义，等同于英语中的scenery，都是视觉美学意义上的概念。现代英语中景观（landscape）一词则是出现于16世纪与17世纪之交，荷兰语landschap作为描述自然景色，特别是田园景色的绘画术语被引入英语，演变成现代英语的landscape一词，用以区别于肖像、海景等。

后来亦指所画的对象——自然风景与田园景色，也用来表达某一区域的地形或者从某一点能看到的视觉环境。

我国虽然在古代就开始使用景物、景致、景气与景象等以“景”字打头的表现景物、光景的词语，但一直没有使用景观一词。而景观作为一个汉字词组是由日本植物学者三好学博士于明治三十五年（公元1902年）前后作为对德语landschaft的译语而提出的，最初作为“植物景”的含义得以广泛使用。陈植先生早在1935年出版的《造园学概论》中就有两处使用到景观一词，当时的景观已有景色、景物、景致的含义。

随着现代语境变化和对各专业的研究深入，景观作为一个现代专业术语而被各个专业学科界定为不同的概念，由此景观也被赋予生态、社会、文化等更为广泛的内涵。尽管学界对于景观与landscape、景观设计学与风景园林学、landscape architecture等有着不同的界定，但是其名词背后反映出的内涵与实践是一样的。由此，本书中一并采用景观或景观设计来概括。

从设计学来看，景观是指可视的实体概念，即包括客观对象和以视觉感知为主要途径的主观感受两个方面及其综合。现代景观有以下几个特征。

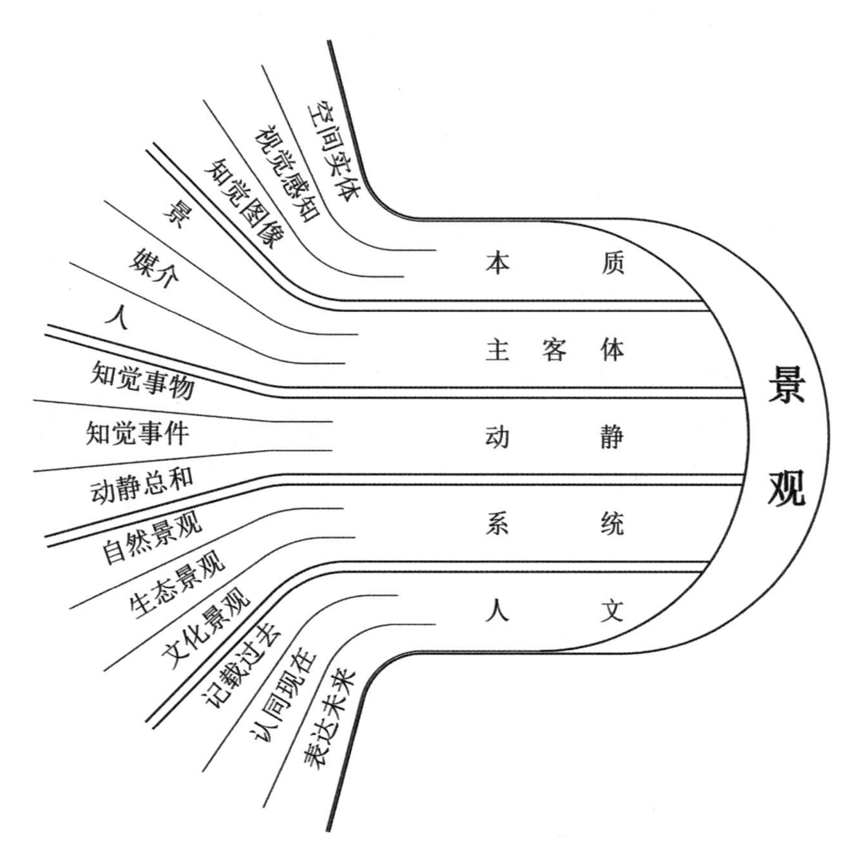

▲ 现代景观的五个指向特征

① 从本质上看，景观是具有明确空间范围的实体存在，是以视觉感知为主要途径的知觉图像。

② 从主客体的关系上看，景观是景、识景中介、人三者的统一体。

③ 从动态和静态构成上看，景观是人类与自然界一切知觉事物和知觉事件的总和。

④ 从系统上看，景观是一个集合自然景观、生态景观、文化景观的综合体。

⑤ 从人文来看，景观是一种人类记载过去、认同现在、表达未来的，承载着人类共同记忆和憧憬的语言和精神符号。

◀ 布莱恩特公园（Bryant Park），美国纽约市曼哈顿区/OLIN，Laurie Olin

◎公园的重建完工于1992年，作为纽约市立图书馆地下部分建筑的屋顶花园。但在翻修之前，失败的设计导致这里满是吸毒和犯罪活动。新的公园成为促进人类交流的公共空间的典范。布莱恩特公园的再设计体现出了设计是如何影响人类行为的。

▲1980年与2014年的布莱恩特公园

2. 景观规划与设计

景观规划一般定义为宏观层面的策划与布局，指在较大尺度范围内，基于对自然和人文过程的系统认识，协调人与自然关系的最佳过程。而景观设计是微观的，为某些具体的使用目的选择最合适的场地，以最合理的技术手段，在特定场所安排最恰当的景观实体与知觉体验，并赋予景观场所历史、生态、文化等方面的精神内涵。

◀景观设计过程包含分析、规划、设计和管理四个过程

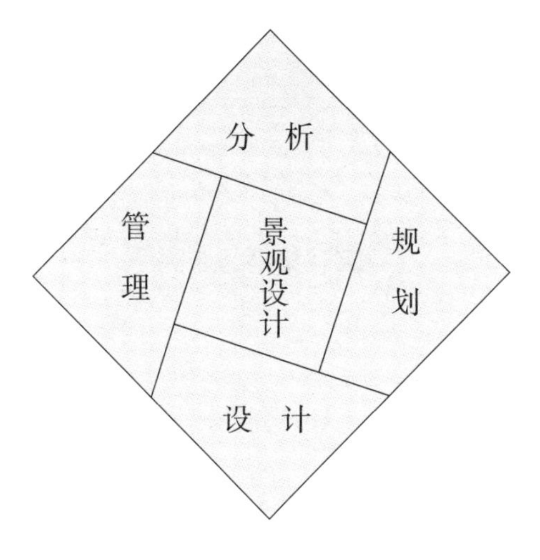

◎景观分析：基于生态学、环境科学、美学等诸方面对景观开发活动的环境影响进行预先分析和综合评估，制作环境评估图，明确将损失度最小化的设计方针，作为规划设计的依据。

◎景观规划：对土地未来的利用提出最适当的开发方案，包括：规划创意、规划分区；景观建设基本目标、系统、措施；未来空间发展的基本框架。

◎景观设计：对景观场所空间给予品质和功能的实施与安排，是具体的建设实施措施、目标、方法及技术。

◎景观管理：对创造出的景观和需要保护的景观进行长期的管理以确保景观价值的延续性。

3. 景观设计师

景观设计师的称谓由美国景观设计之父弗雷德里克·劳·奥姆斯特德（Frederick Law Olmsted，1822—1903年）于1858年非正式使用，1863年被正式作为职业称号。景观设计师是以景观的规划设计为职业的专业人员。简而言之，景观设计师的工作是分析、规划、设计及管理景观。

景观设计师有别于传统造园师、园丁和风景花园师。景观设计师从事的是科学与艺术相结合的设计活动，而非经验意义上的自发设计；景观设计师不只局限于传统意义上的园林视觉审美，更要处理场所空间自然、生态、人的综合问题；景观设计师坚持的是可持续发展的立场。

《国际景观设计师联盟/联合国教科文组织关于景观设计教育的宪章》中要求景观设计师应掌握的知识如下：

①文化形态历史以及对景观设计的正确理解。

②文化系统和自然系统。

③植物材料及园艺应用。

④场地工程，包括材料、方法、工艺技术、建造规范、管理及实施。

⑤规划设计理论、方法。

⑥在各种尺度和各种设计类型中进行景观设计、管理、规划和科学研究。

⑦信息技术和计算机软件应用。

⑧公共政策、规则。

⑨ 沟通能力和吸引公众参与能力。

⑩ 职业道德规范和职业价值观。

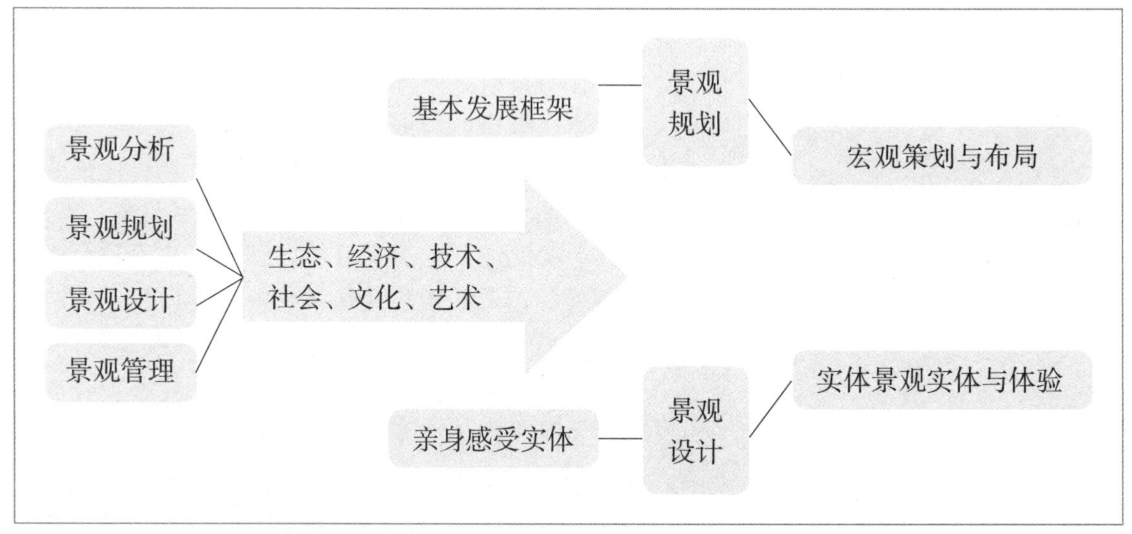

▲景观规划与景观设计的关系

◀ 哥伦布圆环（Columbus Circle），美国纽约市曼哈顿/Olin Partnership，Philadelphia，Pennsylvania，2005

◎自1905年建成之后，哥伦布圆环一直都是主要的交通枢纽。但是在发展的过程中慢慢变成了一个无法提供良好功能、安全的公共空间。在景观设计团队和工程师合作之下，2005年重新设计后建成的哥伦布圆环成为一个富有强大吸引力的城市公共空间。以前的纪念碑基地周围的小喷泉被拆除，并被一个中央广场所取代，它加强了圆圈内的纪念碑的壮丽感。游客现在可以接近纪念碑，阅读铭文——这在以前是不可能的。环状喷泉向中心拱起，同时掩盖了交通噪声并调节了夏季微气候。在外围，减少了标志和灯具数量，铺设了新的人行横道和环道，保证了行人和司机的安全。温和的种植、一系列的喷泉、醒目的长椅、铺路和照明等突出了环形造型，同时提升了整个城市的独特性和活力。

——热点关注：景观与landscape architecture

作为一个外来语，“景观”是目前landscape较为普遍的中文译名，但是它的词义也是非常暧昧和复杂的。由于中外文化和语言特点的差异，与之相对应的英译名称在国内外学术界一直存在激烈的争论。

作为语言单词来说，landscape在古代欧洲不同民族文化中有不同的词形，如古英语landskipe、landscaef、landscipe，古高地德语lantscaf，古挪威语landskapr，以及中古荷兰语landschap等。大多数学者认为landscape一词来源于荷兰文landschap。

实际上，不同专业领域引用landscape之后，包括西方国家在内的学术界因各自学科的焦点目标、分析尺度、认识论和方法论不同对其也有不同的界定，即使在同一学科内部也有不同的认知。其涉及的学科包括地理学、生态学、建筑学、历史学、社会学、艺术学、设计学、旅游学、林学、农学等。在工具书中，也有相关词条的不同定义，主要包括《牛津英语大词典》《现代高级英汉双解词典》《英汉百科词典》《韦氏新国际词典》等词典，《辞海》《中国大百科全书》《美国大百科全书》《不列颠百科全书》等百科工具书，以及《牛津园艺指南》《牛津地理学词典》《现代地理学词典》《艺术术语和技术词典》等专业词典。

就规划与设计而言，与landscape相关的或者与之构成的专业术语有garden、park、landscape garden、landscape architecture、landscape planning、landscape gardening和landscape design等。

其中关于用landscape architecture（下文简称LA）作为学科名词，伴随着该词的产生就充满着争议。学界对于LA这个词是否由奥姆斯特德首创也是有争议的，但基本认同的是这个词的确是在他使用后发扬光大，成为全世界通用的专业名称。他在参加纽约中央公园设计方案竞标时，自称为landscape architect，可能是因为他与建筑师沃克斯（C·Vaux）合作有关。后来他又把所从事的职业称为landscape architecture，是想冲破传统landscape gardening（传统园林学或造园学）的樊篱，将业务扩展到更广阔的空间。奥姆斯特德用architecture创造了landscape architecture这个词汇，但并不是说这个行业是建筑的附属品。而且，奥姆斯特德本人和以后美国ASLA的成员，都没有把LA和传统园林学对立起来，而只是认为LA是在传统园林学的基础上的发展和扩大。尽管奥姆斯特德后来对LA这个名称并不十分满意，许多美国人也觉得这个名称意思难以理解，和专业的内容不完全切合，甚至还有人提议改名，但是约定成俗，仍沿用至今。

landscape architecture在日本称为造园。我国对landscape architecture的理解与翻译存在一些分歧，译名就有十种之多，如地景学、造园学、景观建筑学、风景建筑学、景园建筑学、园林建筑学、风景园林学、园林学、风景营建学、景观营造学等。就此，中国风景园林学会及会刊《中国园林》曾组织和发表了不少关于专业名称翻译和更改意见的论文，也对园林、绿化、造园等中文传统词汇与LA之间的关系进行了梳理。将这些的中译名汇总起来，大致有三种，即“景观建筑”“风景园林”和“景观”。

“景观建筑”是在LA作为该学科国际通用的名词术语，及刚进入国内时出现的直译方法。这种译法很容易造成LA是建筑学的一部分或一个分支学科的假象而被很多学者诟病。

而近年来，“风景园林”与“景观”之间的争论愈演愈烈。赞同“风景园林”译名的人认为此译名是在中国园林发展的诸多历史原因之下形成的，不再更名以便行文简化。支持“景观”这种译法的人认为中国的园林或风景园林的职业范围客观上远不如国际LA，其专业内容大大超越普遍认同的“风景园林”的内涵和外延。反对“景观”译名的人则认为此名有“唯审美论”“唯艺术论”之嫌。

也有很多学者认为翻译上的差异无伤大雅，重要的是对其内涵的限定。其实不管什么译名都是指同一意义，对于译名的更改不利于专业发展和大众传播。另外，景观设计师与风景园林师之间在实践业务范围上并不存在什么差别，从事的都是“造景”的艺术，都是“景观”的发现者、设计者和创造者。

目前的现实是，“风景园林”已于2011年成为一级学科名称，国内高校或者设计公司以“景观设计”“景观规划设计”，甚至是“景观建筑”等作为专业名称的也不在少数。另外，伴随着中国城市建设的迅猛发展，“景观”深厚的群众基础早已根深蒂固。

▶ 有漂白场的哈勒姆风景（View of Haarlem with Bleaching Fields）

◎[荷]雅各布·凡·雷斯达尔（Jacob van Ruisdael，1628—1682），1670—1675年，62.2 cm × 55.2 cm，布面油画，现藏瑞士苏黎世美术馆。

▶ 密德哈尼斯村道（The Avenue at Middelharnis）

◎[荷]麦德特·霍贝玛 (Meindert Hobbema, 1638—1709)，1689年，103.5cm×141cm，布面油画，现藏伦敦国家美术馆。

◎荷兰小画派是17世纪流行于荷兰地区的一个美术流派，其绘画摆脱了贵族和教会的控制，主要服务于市民阶层，以描绘静物、风景和风俗为主。真实再现自然是荷兰风景画的最大特点。

1.2 专业体系

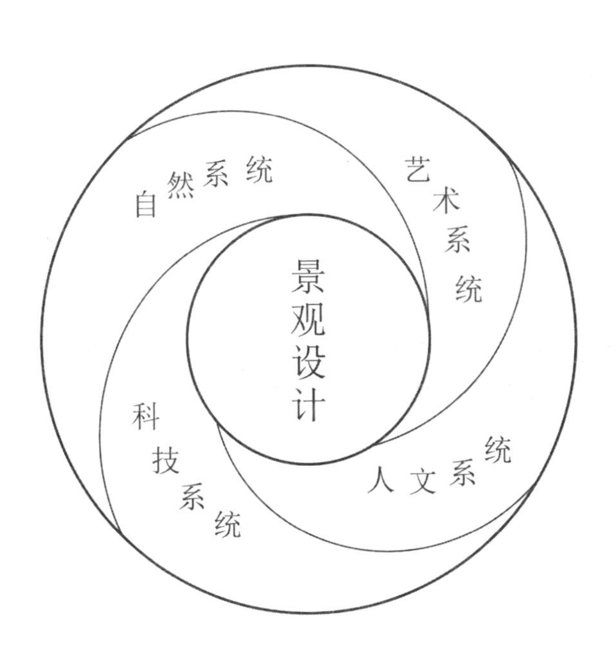

◀ 当今景观设计的设计基础

◎20世纪60年代以前的景观设计基于艺术审美和科技进行，60年代以后将自然系统纳入其中。而当今的景观设计建构基础更加系统，不仅增添了人文系统，还将系统化组织引入景观设计。

1. 设计定位

景观设计是关于景观的分析、规划、设计、改造、管理、保护和恢复的自然科学和人文社会科学的综合应用。

如果说19世纪的景观设计是由园林设计发展而来的，并以审美为初衷，那么在20世纪，景观设计就更为关注生态问题。到了21世纪，景观设计进一步发展，越来

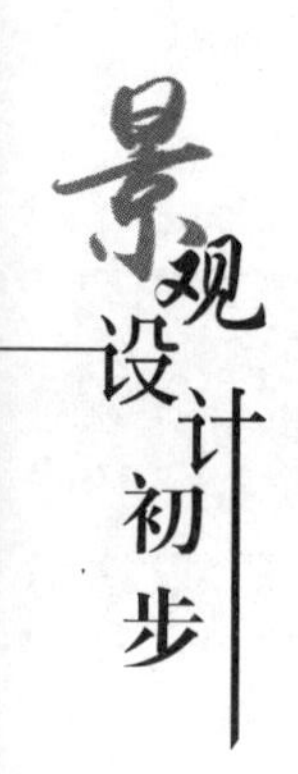

越关注可持续发展。现在，景观设计会涉及气候变化及生物多样性等问题，当然，与此同时，它依然还注重审美。总体来说，景观设计是一门基于科学认识的应用。

2. 涉及专业

景观设计涉及的主要专业有地理学、生态学、城市规划学、风景园林学、建筑学和设计艺术学，它们在各自专业背景条件下对景观设计产生不同的影响并表现出复杂而又相互融合促进的关系。

（1）景观设计学与建筑学、城市规划学。

三个专业的共同目标是创造人类聚居环境，核心都是将人与环境的关系处理落实在空间分布和时间变化的人类聚居环境之中。

建筑学侧重聚居空间的塑造，重在人为空间。城市规划学侧重对聚居场所的建设，重在以用地、道路交通为主的人为场地规划。景观设计学是聚居领域的开发整治，即对土地、水等自然资源和环境空间的综合利用与创造。

在今天，三个专业在景观概念界定和内涵定位方面存在着差别，但是在实操层面已经是跨越学科间的相互配合、借鉴。

（2）其他专业。

景观设计学作为新兴学科与其他学科专业有着广泛的内涵联系与学科渊源。景观外延也得到拓展，包含了视觉物象、地理区域、生态系统等相关含义。

表1-1 建筑设计、城市规划与景观设计的关系

空间设计		内涵	关系	
建筑设计	建筑物实体内部围合空间组合	满足功能基础上的建造体系	置于整体环境中相互制约、衬托	边界模糊对话与共融
景观设计	建筑物实体外部虚体空间组合	追求生态价值下的循环体系		
城市规划	城市元素在城市宏观运行中的有序组织	理性思维下社会经济与城市战略的发展层面	在宏微层面上相互配合、渗透	景观配合与修正城市规划
景观设计	具体的物质环境的规划与设计	综合思维下的生态廊道建设与城市个性营造的实操层面		

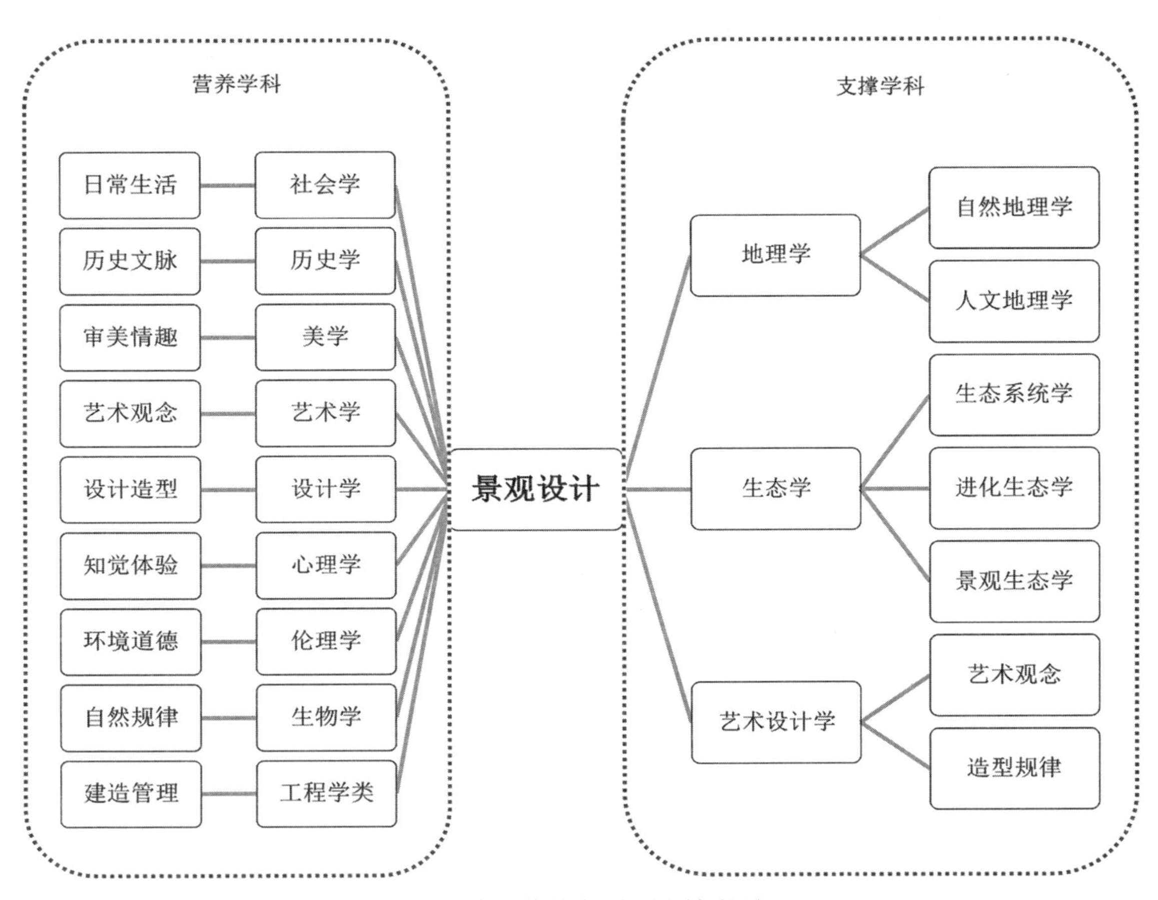

▲景观设计的营养学科和支撑学科

▲悉尼公园水资源再利用项目 / Turf Design Studio & Environmental Partnership，2016

◎悉尼公园的基地曾经是工业用地和垃圾填埋场，现在变成了占地44公顷的公园。由Turf设计事务所牵头并协调将设计、艺术、科学和生态结合在一起进行多学科合作，其团队中包括水资源专家Alluvium、艺术家Turpin + Crawford Studio、生态专家Dragonfly Environmental、工程师Partridge和城市的景观建筑师，他们聚集在一起展开"圆桌会议"，共同探讨设计方案。

3. 专业组织

① 国际景观设计师协会（IFLA）。

② 美国景观设计师协会（ASLA）。

③ 美国景观设计教育理事会（CELA）。

④ 欧洲景观教育大学联合会（ECLAS）。

⑤ 欧洲景观设计协会（EFLA）。

⑥ 澳大利亚景观设计师协会（AILA）。

⑦ 中国风景园林学会（CHSLA）。

另外还有协会或学会下设专业委员会，如中国美术家协会下设环境设计艺术委员会、中国建筑学会下设建筑师分会的环境艺术专业委员会、中国城市规划学会下设风景环境规划设计专业学术委员会。

这些专业组织围绕景观设计有着不同跨学科间专业定位，定期举行专业竞赛（包括学生竞赛），在推动学科建设、促进学科繁荣、提升学科影响等方面有着重要影响力，也是景观设计师获取专业知识、关注设计前沿、增进交流的重要平台。

4. 设计教育

现代景观设计起源于美国。哈佛大学是全球第一个开办此专业的大学。1986年，哈佛设计研究生院开始设立景观设计、城市规划与设计、建筑学三个方向的设计研究硕士和设计博士学位，其目的在于培养复合型的人才和专门从事研究与教育工作的人。英国景观设计教学使学生具有良好的学术基础、设计技巧和沟通能力，兼备科学和艺术的综合知识，同时借以启发个人对景观前途的专业设想。在日本大学中，园林专业一般都附属在农学部、园艺学部、工学部、艺术系、设计学系、环境系、造型学系及短期大学等。日本园林专业的大学一般比较注重理论研究方面的教育。

中国的景观设计专业高等教育始于1930年，当时在金陵大学、浙江大学、复旦大学设有相关的观赏园艺和造园课程，内容上更接近于园艺学。1951年由吴良镛先生、汪菊渊先生提议，梁思成先生支持和教委批准，北京农业大学园艺系与清华大学建筑系合作创建了造园专业，这是新中国成立后的第一个与景观设计相关的专业。1956年，该专业调整到北京林学院并在后期更名为风景园林规划设计专业。我国台湾地区至今共有13所高等院校设有景观学系，以及3所附属于园艺、建筑、都市计划系所的造园组或景观组，并授予学士、硕士及博士学位。香港大学建筑系景观建筑学硕士学科开办于1993年，开设经过香港园境师学会（HKILA）全面专业评估的景观建筑学课程，专业资格认证也较为规范。

现代意义上的景观设计及其教育在中国大陆只有几十年的发展历程，在农林院校、建筑院校、艺术院校、地理学专业中的景观教育有着不同专业背景和教学模式。

从教育部专业设定来看，目前国内没有直接称呼“景观设计”的专业，相关教育大都分散在其他专业类或者一级学科下面。不同层次的含有景观设计或与之相关的专业目录设定如表1-2至表1-4所示：

表1-2 本科专业目录及代码

门类	专业类	专业
08工学	0828建筑类	082802城乡规划
		082803风景园林 （可授工学或艺术学学士学位）
09农学	0901植物生产类	090102园艺
	0905林学类	090502园林
13艺术学	1305设计学类	130503环境设计
		130506公共艺术

表1-3 研究生学术学位目录及代码（注：含硕博）

学科门类	一级学科
07理学	0705地理学（下设有景观设计方向）
08工学	0813建筑学
	0833城乡规划学
	0834风景园林学
	0872设计学（下设有环境设计方向）
09农学	0973风景园林学
13艺术学	1305设计学（下设有环境设计方向）

表1-4 研究生专业学位目录及代码（注：无博士）

门类	专业类
专业学位类型	获批年份
0851建筑学硕士（MARCH）	1992年
0853城市规划硕士（MUP）	2010年
0953风景园林硕士（MLA）	2005年
1351艺术硕士（MFA）	2005年

注：根据教育部印发《普通高等学校本科专业目录(2012年)》《学位授予和人才培养学科目录（2011年发布，2015年增补）》整理。

5. 专业体系

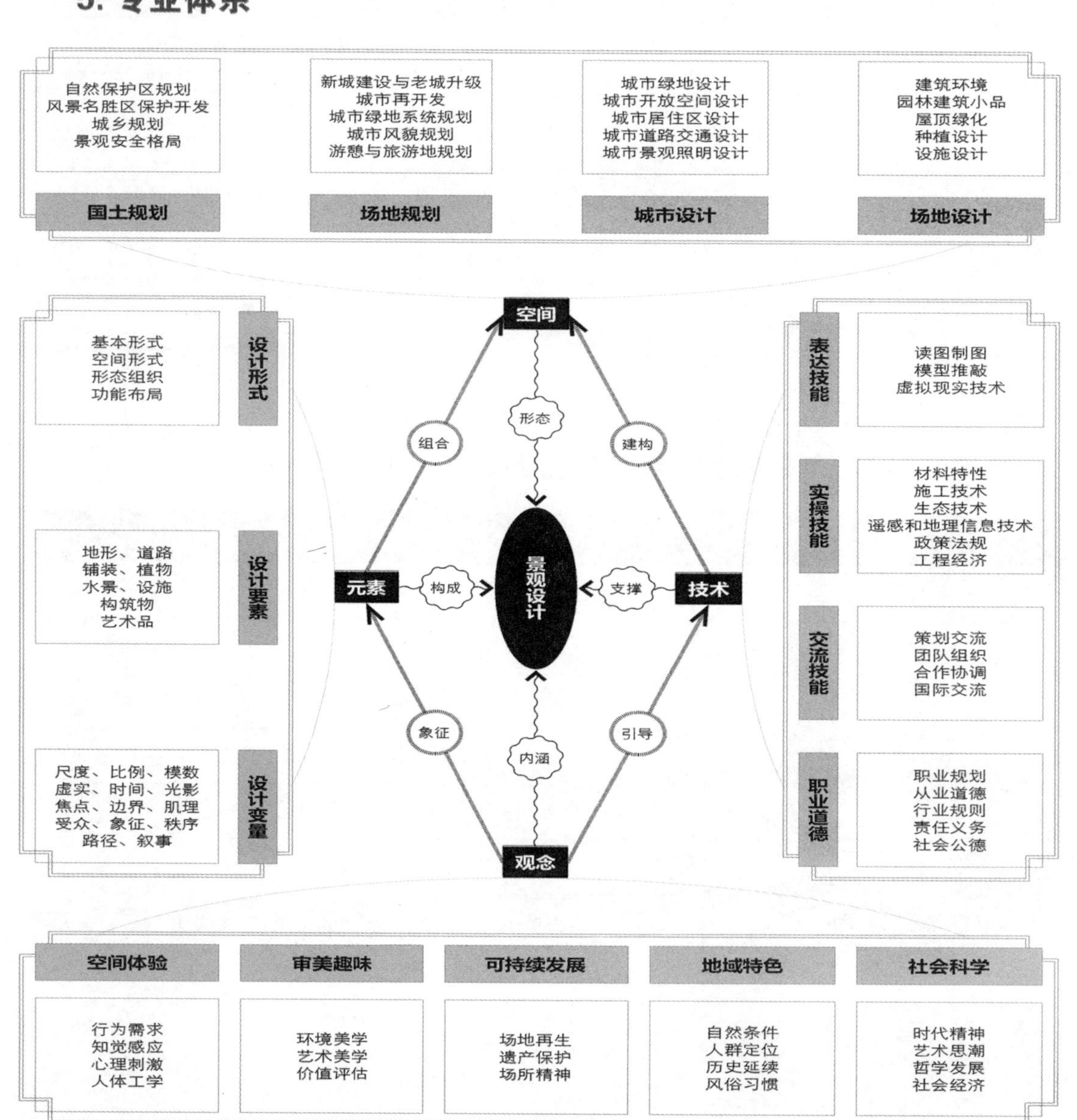

——热点关注：景观设计与建筑设计、城市规划

现代景观设计与建筑设计、城市规划的发展有着相同的背景，即工业革命之后人口暴增与城市化进程加快，城市环境令人担忧，但是人们对于环境的要求日益提高。特别是今天全球化的进程，大大扩展和深化了景观设计、建筑设计、城市规划的专业内涵与分工。

建筑设计要融合环境、技术理念的发展，从单幢建筑的设计走向建筑群落的规划与设计；城市规划要融合经济、社会、地理等，从城市走向城乡区域的整体协调；景观设计要融合生态学等观念的发展，从建筑、城市附属空间走向更多尺度的人与自然共生的可持续性人居环境。

尽管三者各自考虑问题的角度和设计手段不一样，但是有着共同的目标，都是将人与环境的关系处理落实在具体的时空变化中，都是为了创造舒适、安全、生态宜人的人居环境。

就现代学科专业发展角度而言，景观设计、建筑设计、城市规划日益形成三位一体的学科群系统，专业分工进一步细化，交叉与融合的速度和需求与日俱增，这样才能解决当今复杂的人与环境关系问题。就实践角度而言，三者虽然有各自的侧重与分工，但在面对具体时空条件时，需要三者对此进行评估，确定相互空间设计与规划的关联，共同协调解决，避免各自为政，重此失彼，造成市场资源的浪费。

毋庸置疑，三者的融合之势不可阻挡。

第2章

专业观念

2.1 环境行为

▶ 电线上的鸟：鸟儿在电线上站成一排，互相保持一定的间隔

◎20世纪60年代心理学家沙姆（Sommer）通过生活中对这类现象所进行大量的观察，最早提出了个人空间的概念。他认为，每个人的身体周围都存在着一个既不可见又不可分的空间范围，对这一范围的侵犯和干扰将会引起人的焦虑和不安，这个"神秘的气泡"随身体移动而移动，它并不是人们的共享空间，而是在心理上个人所需要的最小的空间范围。个人空间范围的大小受到个人特点、社会习惯、文化、环境诸因素的影响。而在个人特点方面，性别、年龄的影响尤为明显。

1. 需求层次

人在环境中的行为是环境与人交互作用的结果。或者说，行为是人与环境之间互动的主要媒介。

人的动机是行为的原因，环境心理学中的需求层次理论强调人的动机是由人的需求决定的。亚伯拉罕·马斯洛（Abraham H. Maslow）将这些需求分成生理需求、安全需求、爱和归属感需求、尊重需求和自我实现需求五类，依次由较低层次到较高层次排列。这种需求层次分类有助于我们把握人在环境中的行为出发点，也是诱导人们发生行为的潜在心理因素。

2. 人际距离

非人类动物为了生存和繁衍往往控制一定的空间领域，而人类也具有类似的个人领域。个人领域空间在身体外部的范围形成一个倒椎体式的气泡，具有保持安全、适应刺激、自我认同和管辖范围的作用。

人类在不同的活动范围中，因关系的亲密程度而有着或保持不同的空间距离。关系越远，亲密程度越小，并且这个空间距离的大小还会受到文化背景、行业、环境、个性等的影响。

3. 环境行为

扬·盖尔（Jan Gehl）将人的户外活动分为必要性活动、自发性活动和社会性活动。人们在公共场所中的必要性活动和自发性活动，有可能引发各种交谈、游戏等社会性活动，即我们所说的交往行为。

特别是作为户外公共空间而言的环境，人们对于空间中自我行为与交际行为都有着强烈的共性需求倾向，即在环境中既有维持自我安全和舒适的个人领域，也有渴望交往互动和追求群体认同的行为发生。户外公共活动类型见表2–1。

表 2–1 户外公共活动类型

类型	具体表现	示例
必要性活动	多少有点不由自主的活动，与外界环境关系不大，选择余地小	上班、购物、候车、上课、吃饭等日常学习、工作和生活等活动
自发性活动	有参与的意愿，只在时间、地点等条件允许的情况下才发生	散步、晒太阳、驻足停留等活动
社会性活动	公共空间有赖于他人参与的各种活动	交谈、展览、儿童游戏等公共活动，较为广泛地与他人互动

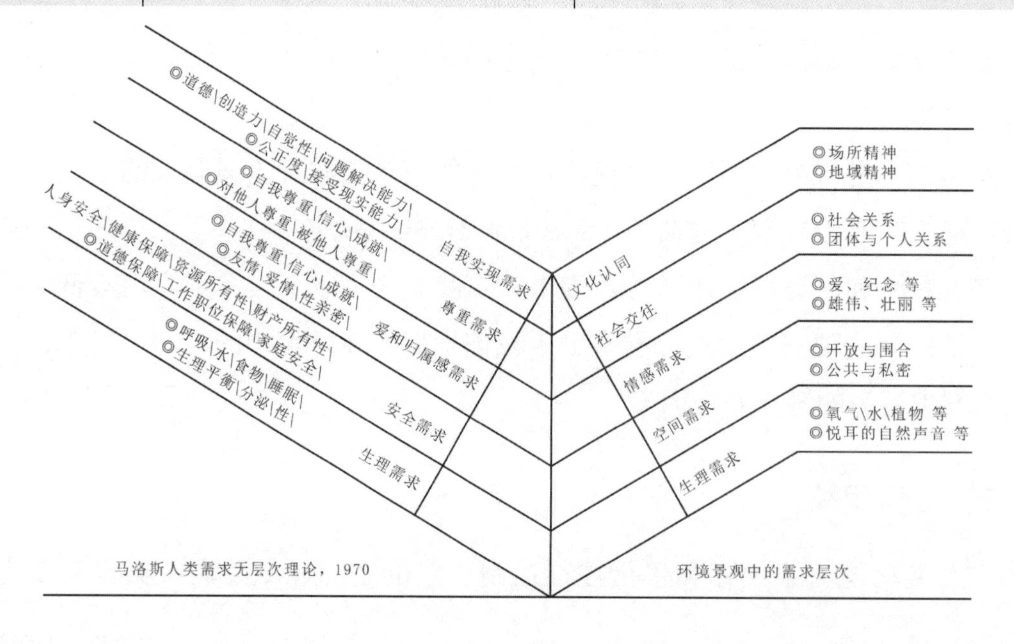

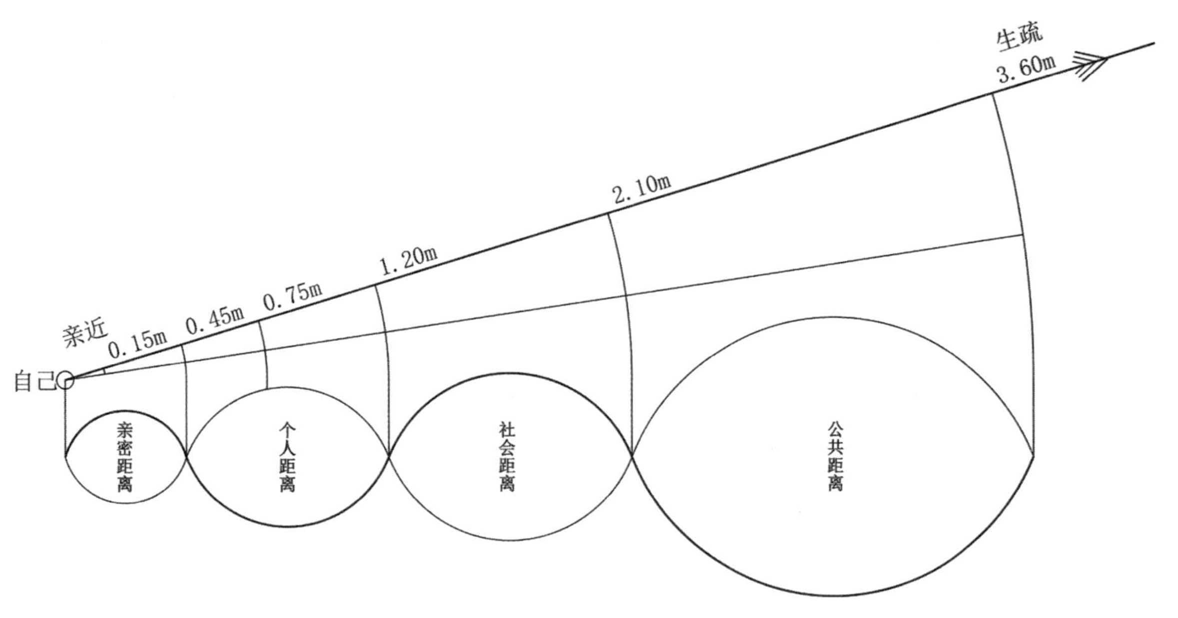

▲人际距离的空间类型

▲ Social Bench 系列/ Jeppe Hein

◎将普通长椅做不同程度的形式改变，放在不同的公共空间中。人们将努力调整姿态才能坐在这些椅子上，这些姿态的改变引发人们用新的眼光看世界和与旁边的人们交流。椅子不再是普通的物件，功能也发生变化。艺术的造型极具吸引力，也引发了社会性的交往活动。

——热点关注：我们建设城市究竟是为汽车还是为人？

在城市形成之初，步行是人们最基本的移动方式。古代的街道从来就是步行者的天堂，广场则承担着市场、集会、辩论和演出的多项功能。

但进入20世纪中叶以后，受城市人口和建筑密度增加的影响，理论界也盛行机械理性的规划方法和治理方案，认为要秉行现代主义规划理念，必须执行严格的城市功能分区——居民区与商业区决然分开、社区之间相互分离、修筑更多高速公路、减少社区人口等。由此，英美的一些大城市规划和建设像一条工业生产流水线，高层建筑林立，高速干道横跨街区，先入为主的汽车道路规划占据了城市主体空间，街道由以前的“步行者天堂”变成了“步行者死亡线”，广场和绿地被挤兑成小块插嵌在城市中。这种城市建设整体性地破坏了城市社区生活，多种多样的城市公共活动在广场和街道中慢慢消失。

这些现象慢慢引起了社会学、规划学、建筑学等学界的注意。其中最具影响力的当属——被刘易斯·芒福德冠以“雅各布斯大妈的家庭秘方”——简·雅各布斯（Jacobs Jane，1916—2006）《美国大城市的生与死》的出版，顿时在当时的城市规划界和城市管理者们中引起了热议，时至今日，仍然引发争议。作为非专业城市规划师，以“家庭主妇、记者、作家、批评家”外行人角色，雅各布斯开篇第一句话就是“本书是向当前城市规划理论和重建活动的抨击”，抛出“我们建设城市究竟是为汽车还是为人”的疑问。雅各布斯着迷于走路，或者骑自行车，用自己的眼睛去观察城市的脉络以及脉络之间的运作规律，以便更好地观察城市互动。她认为理想的城市应该是由所有居住者来参与其中的，城市的发展是自发的、基于人们活动的，而非设计得来，社区的活力源于多元化的功能以及表面上的混乱。

书中提出两大核心原则：第一，城市是街道。街道不是城市的血管，而是神经网络，是积累的智慧。第二，城市多样性与密度互相加强，是由密度、短街道和小的绿化空间所构成的良性循环。借此两个原则才能保持城市街道和社区的多样性“天性”。与其说她关心城市空间与设计，不如说她关心城市中的人和人们的生活。正如她在书的最后写道，“设计一个梦想中的城市不难，但重建一种生活需要想象力”。

近年来，关于城市外部空间的研究慢慢趋向于统计学和实证研究方法下的城市物理空间与人的行为关系研究，以及基于文化人类学视角的城市文化建设和历史保护的研究。例如，研究者们关注城市空间中的活动模式和步行锻炼，以及特定群体活动特征对于城市空间的需求满足。也有研究者研究高楼建筑的外部物理特性如空间温度等对于行为活动的影响。同时有不少学者提出要重视城市环境的文化表征，不仅倡导历史文化在城市空间中延续和符号表现，也关注当下市民新的生活交往方式对于城市空间更新的影响，认为城市文化才是保持城市空间活力和增强市民认同的重要内因。

▶ 勒·柯布西耶在《光辉城市》提出的城市规划模式/Plan Voisin，Le Corbu-sier，1925

◎柯布西耶幻想着一座容纳150万人的城市交通网络与建筑能够为城市提供充分的便利，每一个方块街区的大小都是400m×400m，每一座水平横躺的摩天楼之间以工业时代的象征物“汽车”作为连接，每一栋建筑必不可缺的便是垂直升降的电梯。每一栋建筑物之间相隔400m，充分让每一个住在塔楼里的人可以享受到新鲜的空气与阳光。“可他的理论是一个令人失望的都市：被疏散的拥挤”（库哈斯）。

◀ 上海延安路立交桥

◀ 北京国贸立交桥

◎在一些追求效率的中国城市规划者看来，理想的城市应当被放置在由宽阔而生硬的道路所组成的网格之中。这种规划思路的核心是让汽车更快运转，却没有充分考虑人的需求。而实际却是，路宽了，路多了，可交通还是堵，人们花在用车出行上的时间越来越多。同时，这种尺度巨大的路网也极大地破坏了城市肌理。

▶ 四川省成都市龙泉驿区的洛带镇老街

◎景区核心部分呈“一街七巷子”（分别为老街、北巷子、凤仪巷、槐树巷、江西会馆巷、柴市巷、马槽堰巷和糠市巷）格局，空间变化丰富，街道两边商铺林立，属典型的明清建筑风格。传统村镇街道宜人的空间尺度和舒适的步行环境营造出悠闲、惬意的体验环境。当然，如何从传统街道中吸取设计经验用在不同规模城市的道路规划与设计当中，这是个值得城市规划师和景观规划师、设计师思考的问题。

▶ 拱桥交通/NEXT Architects, Purmerend，The Netherlands，2006

◎桥体必须满足无障碍通行要求，同时也为自行车服务，但是若满足这两种要求的坡度，桥长要达到100米，因此建筑师把人行道和自行车道分开，这样步行的人们可以爬上拱桥快速到达对岸。而全长48米的自行车道仿佛浮在水面上的甲板，遇到河上的船只通过，两侧的自行车道会从中间结合处分开，旋转到一旁，让船只通过。

——设计建议

景观设计的最终目的是满足人们的使用要求和心理需求，通过空间形态的营造来表达对于使用人群的关怀和使用行为的理解。

景观设计要体现对包括心理和生理两个层面的关怀。

景观设计注重群体性的行为和心理，满足绝大多数人的空间需求，同时积极促进空间中的人际交往。

景观设计要从人的尺度、情感、行为出发，引导环境中的行为，提供行为所需的场所空间，保证人与环境、人与人之间的良性互动。

——观察记录

选择一处城市广场，观察在一天不同时段人们的活动类型，不同身份的人（市民、游客等）在不同目的（休闲、散步、经过、观赏等）引导下对空间的利用程度，记录人群聚集点的空间位置、活动类型、人际空间距离等。通过采访了解人们对于空间使用的满意度，解析景观节点的空间尺度、构成元素、细部处理等对聚集的作用。

2.2 景观生态

◀九级浪(蔡国强，综合媒材，2014)

◎装置作品由一艘上海平底驳船运载，行驶在繁忙的黄浦江上。饱经风霜的渔船上，老虎、熊猫、骆驼……大大小小凶猛温顺的动物们耷拉着脑袋，好像在时代的大风浪里晕了头，令人联想起诺亚方舟上被救赎的生命，却看起来奄奄一息。蔡国强表示，作品受俄罗斯画家艾伊瓦佐夫斯基的油画《九级浪》启发。九级浪为海浪最高等级，又称“怒涛”。油画里，海面仅存一根桅杆，人们赖此挣扎求生，可是前方滔天巨浪压顶而来，千钧一发……表现人在大自然面前的渺小和无力。

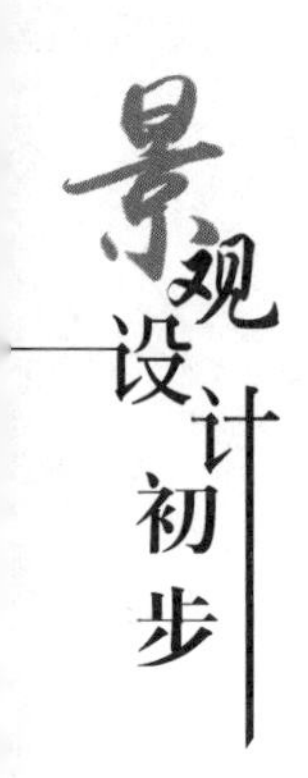

1. 生态系统

景观是一个有机的系统，是一个自然生态系统和人类社会系统相叠加的复合生态系统，任何一种景观，如一片森林、一片沼泽地、一座城市，都是有物质、能量和物种在流动的，是有功能和结构的。

2. 整体性与异质性

景观是一系列其固有规律交织作用下的生态系统，具有一定结构和功能的整体，既有自然地理环境的演化、循环和能量交换，也有人文生态的文化适应和场所构建，并且在这个有机系统内部，物质循环与能量流动又以其固有的规律不断地交织进行着。

异质性指在一个景观区域中，景观元素类型、组合及属性在空间或时间上不均匀分布的变异程度，包括时间异质性和空间异质性。正是时空两种异质性的交互作用导致了景观系统的演化发展和动态平衡。

强调异质性有助于我们理解环境空间的复杂性与不均匀性，有助于我们关注包括人类自身在内的整个生态共生问题，而非像以往仅仅满足人类活动的单一需求或者用一种普遍性质的材料或者结构来抹杀环境空间中的个性与局部特殊性。

3. 连通性与稳定性

连通性是指景观元素在空间结构上的联系，并且要注重景观元素在功能上和生态过程上的连接程度。

虽然受到外界的不断干扰和系统内部自身的进化与演替，景观生态系统时刻发生着变化，但景观生态的稳定性只是相对于一定的时段和空间的稳定。保持景观生态的稳定性就需要使景观生态环境免受一定的外部干扰，特别要修复和重建因为人类生产生活的资源需求而造成的生态系统紊乱，同时又能符合景观生态系统的自身连通关系和循环容量，发挥景观功能和结构上的作用。

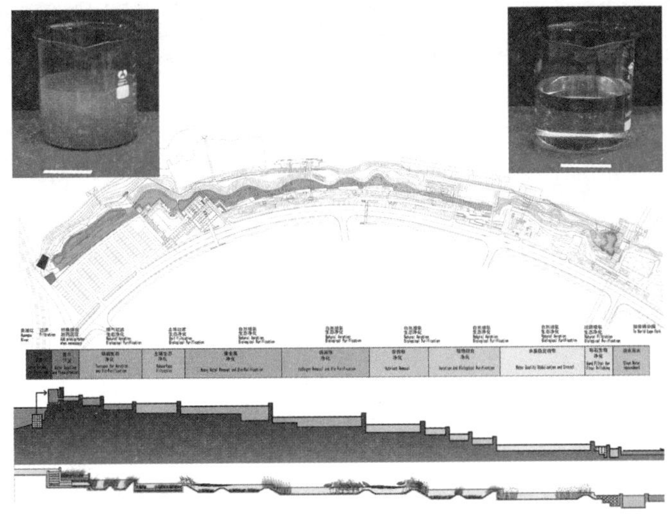

▲上海世博后滩公园/土人景观，2009

◎上图显示了带状、具有水净化功能人工湿地系统的运作方式。它将来自黄浦江的劣五类水，通过沉淀池、叠瀑墙、梯田、不同深度和不同群落的湿地净化区，经过长达1千米的流程，而成为三类净水，日净化量为2400立方米。净化后的三类水不仅可以提供给世博公园做水景循环用水，还能满足世博公园与后滩公园自身的绿化灌溉及道路冲洗等需要。

◎后滩公园力图让自然自我循环净化，让自然做功，是一个具有水体净化和雨洪调蓄、生物生产、生物多样性保育和审美启智等综合生态服务功能的城市公园。

◀新加坡碧山宏茂桥公园与加冷河修复/Atelier Dreiseitl Gmbh，2012

◎左上示意图表明了生态净化植物群落将周围池塘中的水体循环净化的过程。右上图记录了景观团队引入12种生物工程技术，在一条60米长的支线排水道旁进行了为时一年的研究，以测试植物的适应性与生长状况。

◎新的河流孕育了很多生物，公园里的生物多样性也增加了约30%。它能够有效地对于雨水进行处理，有助于净化市民的饮用水；能让植物和动物种群回归城市；还能够为市民创造更多娱乐休闲的场所，并提供更多亲近大自然的机会。

——热点关注：哭泣之园：圆明园环保问题之争

2004年9月，圆明园湖底防渗工程开始施工。

2005年3月22日，张正春先生到圆明园参观时偶然发现了湖底正铺设防渗膜。他向《中国青年报》等多家媒体反映了情况，希望借助媒体的力量，阻止圆明园防渗工程的进行。然而这些媒体对张正春先生反映的情况并不感兴趣，基本上都无动于衷。

3月28日，《人民日报》第五版“视点新闻”刊发了近2000字的通讯《圆明园湖底正在铺防渗膜：保护还是破坏——有专家认为后果不堪设想》。同日，人民网以“独家报道”的形式，发表了稿件全文，并配有多张图片。该新闻报道经过其他新闻媒体和网络的转载，即刻成为全国性的热点新闻。全国各大媒体纷纷刊登相关文章，知名学者等各界人士积极撰文发表见解看法，聚焦圆明园。

3月31日，圆明园湖底防渗工程被叫停。国家环保总局表示，该工程未进行建设项目环境影响评价，应该立即停止建设，依法补办环评审批手续。

4月13日，环保总局举行公众听证会，就圆明园遗址公园湖底防渗工程项目的环境影响问题，听取专家、社会团体、公众和有关部门的意见。

5月10日，环保总局正式下发关于“圆明园管理处限期补办环评报告”的通知。这意味着圆明园管理处必须在40天内上交环评报告。

5月17日，根据国家环保总局消息，清华大学已承接圆明园整治工程的环评工作，将在环保总局限定的时间内提交环境影响报告书。

6月30日，环保总局环评司正式受理了圆明园管理处按要求提交的《圆明园东部湖底防渗工程环境影响评价报告书》。

7月8日，环保总局将整改通知送达圆明园并要求书面回复。

7月12日，圆明园管理处收到了市环保局验收合格的通知，这标志着“防渗膜事件”的结束。

圆明园环保问题之争的导火索是圆明园东区的防渗工程，但是所争论的问题远远超出了这个范围，概括起来争论的焦点有以下两个方面的问题。老问题：①圆明园的定位，“遗址”和“公园”如何协调；②圆明园的景观，保持现状还是适当修复；③圆明园的管理体制，如何养活1700名职工。新问题：①圆明园防渗工程对生态的影响，是否会引起生态灾难；②圆明园的生态需水量如何保障；③圆明园的渗漏能否修复北京市的地下水；④圆明园防渗工程何去何从。

圆明园塑膜防渗工程的表象在防渗膜的环境毒理、生物影响、防渗效果和景观效应，问题的根源却涉及圆明园的定位、湿地生态服务功能、水资源的开源节流和园区的建设和经营方针。天人分离的认识论、条块分割的管理体制、还原论主导的技术路线是圆明园问题症结之所在。圆明园防渗膜工程在社会各界引起的强烈反响，说明近年来社会生态意识、文化品位和系统观念在逐步提高，全面、协调、可持续的科学发展观逐渐深入人心。

——设计建议

景观生态规划与设计在充分认识和理解区域资源与环境特性、人类活动与自然生态过程的基础上，始终把景观作为一个整体来考虑，从整体上协调人与环境、社会经济发展与自然环境、生物与非生物环境、生物与生物以及生态系统与生态系统之间的关系，建立人与自然关系的新秩序，改变人类与自然对立的状况，维持景观稳定性和可持续发展。

一个好的或是可持续的景观生态系统，必须是一个基于生态学理论和知识的规划。

以生态学为原理，把握系统循环的规律和形式，减少负面效应，进而改善和优化人与自然的关系，生成生态运行机制良好的景观环境。

以生态工程技术为手段，注重实操性，有效实现生态系统的建构。这些技术包括保护土层、保护湿地与水系、地表水滞蓄、自然化驳岸、透水铺装等。

——观察记录

选择一片公共空间的草坪，观察草坪中的植物种类。确定草种名称与形态，是本地草种还是外来草种。草皮上是否有其他野花野草。园林管理者对草坪的日常维护是否有利于生态多样性。观察草坪空地与周边空间的使用频率和满意度。

2.3 环境美学

◀卢浮宫的《蒙娜丽莎》展厅

◎对于以往的经典艺术我们采取的是静观的方式，作品和观看者之间是有空间距离的。而今的艺术更强调与观看者的互动。

1. 自然与人

历经经济狂热和生态危机之后的人们开始重新审视环境问题，环境也作为一种独立审美对象从传统美学中独立出来。

“环境”的概念从围绕人群周围的、适宜人在其中活动的物理空间转变为环境作为“人化的自然”的哲学性认知，同时具有自然性和文化性的特征。这让我们对人与自然的关系进行再思考。人们以往关注的人与自然的对立，现在更关注人与自然的统一，自然中生物体，特别是环境中的动植物同样具有与人类一致和对等的价值意义。

2. 美学姿态

环境美学突破了经典艺术哲学形而上的学术观点，成为一种新的价值观、世界观、宇宙观。人类必须从这个星球主人的高位走下来，摒弃人类中心论，以一种参与者的姿态与自然面对面，思考人类在自然中的位置。当代环境美学并不像传统美学设计将环境空间作为静观对象，它强调的是人介入到环境中去感受、理解、适应并改变环境，具有实践层面的指导意义。

3. 日常美学

在全球化的境遇当中，东西方的人们都在经历当代审美泛化的质变，它包含双向运动的过程：一方面是“生活的艺术化”，特别是“日常生活审美化”滋生和蔓延；另一方面则是“艺术的生活化”，当代艺术摘掉了头上的“光晕”逐渐向日常生活靠近，这便是“审美日常生活化”。

人类就生活在环境之中，在其中进行日常生活。日常生活是具体的、直接的、多变的、复杂的。生活中的细微变化给人们带来丰富的感性认知。在思考人与环境的关系时，应当深入日常生活之中，寻找那些鲜活的富有生命力的主题，直接以一种连续性的动态参与体验来感知环境的价值与美感。

▲深圳人的一天，深圳圆岭社区/深圳雕塑院与戚杨建筑与规划顾问有限公司，1999

◎1999年11月29日，由设计师、雕塑家、记者组成的寻访小组随机地在深圳街头任意寻访到了十八个各个社会阶层的人，征得他们的同意，雕塑家将他们翻制成青铜等大人像，并明示他们真实的姓名、年龄、籍贯、何时来到深圳、现在做什么等内容。作为人物背景的是四块镜面一样的黑色磨光花岗岩浮雕墙，浮雕墙上采用电脑雕刻技术复制出有关这一天的城市生活资料，如城市的基本统计数据（总人口、面积、行政区划、年龄与性别结构、人均收入、寿命、居住面积等）、深圳有关报纸版面、天气预报、空气质量报告、股市行情、农副产品价格、影视预告等。作为人物背景的还有音响，这是深圳广播电台在这一天全天广播的录音，在以后的日子里，它将在同一时刻滚动式播放，不断唤起我们关于这一天的记忆。

◎《深圳人的一天》打破了传统的纪念碑雕塑的观念，让平凡人物和普通的事件成为纪念碑的主角。雕塑以高度纪实的手法，截取了城市生活的一个横断面，凝固住城市生活的一个极其普通的时刻，它不夸张、不刻意、不拔高、不贬低，以原生态的方式，忠实地记录城市的历史，客观反映出城市居民的生存状态。

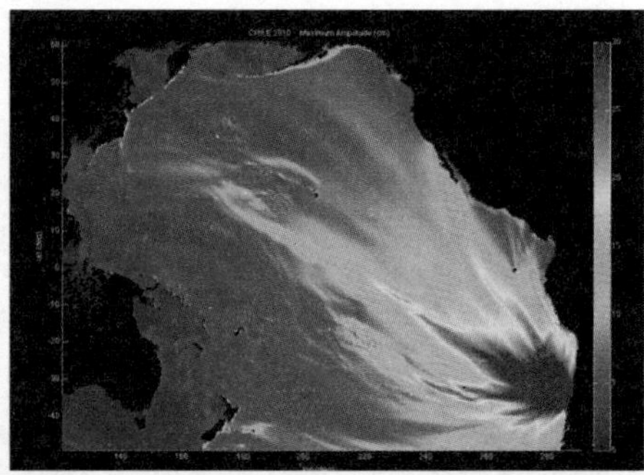

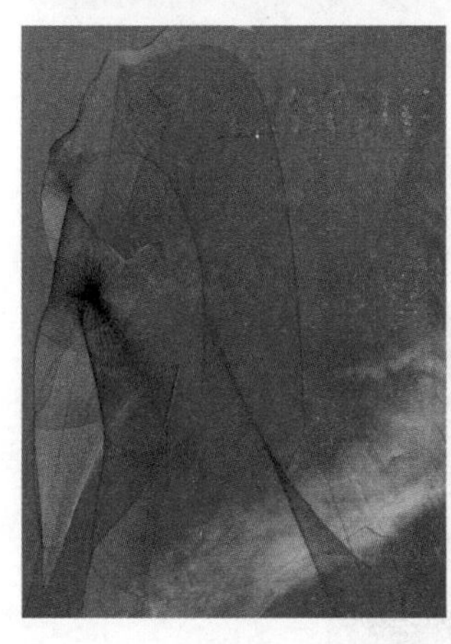

▲1.26，荷兰阿姆斯特丹/Janet Echelman，2012—2013

◎艺术家Janet Echelman在印度渔村游历时，望着每天都能看到的渔网，由此受到灵感启发，开始了巨型“空中渔网”的艺术装置创作。

◎这件名为“1.26”的艺术品形式和内容是从地球系统的相互联系中获得灵感。艺术家使用来自NASA和NOAA实验室的关于2010年智利地震的数据和影像。雕塑的三维形式灵感正是来自于Echelman在整个海洋中映射的海啸波涛。由于地震的影响，那一天的长度缩短了1.26微秒，这就是命名由来。

◎雕塑是一种完全由软材料制成的，材料的坚韧强度比钢大15倍，同时保持足够轻，这使得它能够附着在现有的建筑上，而不需要额外的加固。独特的照明程序使雕塑时刻保持着类似极光的色彩律动。雕塑能随风舞动，成为一种随意变化的空灵形式，在黑暗中似乎“浮在空气中”。

——热点关注：旁观者还是分享者、参与者？

朱光潜在《文艺心理学》中采用德国美学家弗莱因斐尔斯(Mueller Freienfels)的说法，将审美者分成两类，一类为旁观者（contemplator），一类为分享者（participant）。旁观者不起移情作用，虽分明觉察物是物，我是我，却仍能静观其形象而觉其美。分享者观赏事物，必起移情作用，把我放在物里，设身处地，分享它的活动和生命。这里的旁观者与分享者之间区分，大致相当于当代环境美学中的分离模式与介入模式之间的区分。

所谓分离模式主要指的是艺术模式，是18世纪以黑格尔的艺术哲学理论和康德的审美无利害性理论为基础的现代美学所倡导的审美模式。这种“曾经被假定为自然鉴赏的恰当模式”的典型特征是无利害的静观，即不涉及对象的任何利害、功利、概念、目的，只涉及对象的纯粹形式。按照这一原理，人们在欣赏自然的时候，欣赏者与审美对象要有一定的“心理距离”，完全按照欣赏艺术的方式来进行。比如以鉴赏雕塑为范式来指引自然环境的鉴赏（对象模式），或者从一个特定的地点和距离观看，像观照风景画一样的方式来观照自然环境（景观模式）。

作为与分离模式相反的介入模式，就是全面介入对象的各个方面，与对象保持最亲近的、零距离的接触。主张介入的审美模式是基于这样一个事实：我们无法将环境作为对象来静观，我们也不可能在环境之外，我们总是在环境之中。介入模式带动审美模式发展为三种具体的模式：自然环境模式（艾伦·卡尔松，1979）、参与模式（阿诺德·柏林特，1988）和生态模式（保罗·高博斯特，1996）。

自然环境模式主张对自然的审美主要是欣赏自然物的表现性质。为此，审美需要介入到科学认知之中，试图以自然和环境科学为感知范畴来规范我们的环境审美鉴赏。但是科学认知追求的是事物内在本质与普遍规律，切入环境审美后只是容易对自然中的整体性、秩序性与和谐性进行感知，显然将自然的这种非和谐、非秩序、无定形的常态特征排斥在审美之外。

参与模式致力于对环境体验和环境经验进行现象学的经验描述，主张的是我们不再是旁观者，当然更不是代理者，是作为这个世界的“参与者”。因此，参与模式强调审美是基于作为知觉感受器和发生器的“身体”的各种感官联觉。

生态模式是在与以森林为欣赏对象的风景美学的对比中建立的，将生态作为一种生态人文主义的价值理念与伦理道德，以此承认自然本身存在美。欣赏不仅涉及静态的形式因素和感官特征，而且建立起人与景观积极的、参与性的平等的对话关系。

“艺术模式”“自然环境模式”“参与模式”和“生态模式”其实对应的是艺术、认知、经验、伦理。在实际的环境鉴赏和设计实践过程中，这四种模式也并不独立存在，它们大多数情况下是同时共存，并相互交织的。

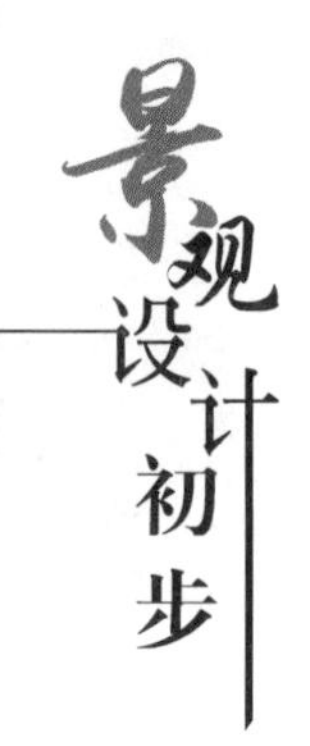

▲ 法国园林:维朗德里城堡(Chateau de Villandry)

▲ [德]约瑟夫·博伊斯，7000 棵橡树/Joseph Beuys (1927—1986)，7000 oaks，Kassel Documenta，1982—1986

◎花园与城堡的文艺复兴时期建筑风格浑然一体，由蔬菜园、草药园、水园、装饰园四部分组成。受意大利台地园林影响，欧洲古典园林对于植物修剪几何造型十分钟情。这种几何化、装饰化的宏伟造型只有具备一定的高视点和一定的距离才能被欣赏。

◎1982年，博伊斯在第七届卡塞尔文献展开幕式上，种下了7000棵橡树计划中的第一棵树。这个计划不仅由艺术家自己实现，很多民众也积极地参与了进来。任何想要参与的人可以买下并种植（不住在卡塞尔市的居民可以请人代替栽植）一棵或数棵树并辅设石砖。此后数年里他们陆续在卡塞尔市的各个角落中按照树与石砖的搭配种下了其他的橡树，并在每两棵橡树之间放置一座1.2米高的玄武岩石柱。1987年博伊斯的家人将第7000棵橡树种在了1982年的第一棵橡树旁。橡树的生命周期长达800年，而玄武石，其在外在形状、数量、规模、重量上都不随时间改变，卡塞尔从此有了一座可以生长的永恒雕塑。

——设计建议

环境美学强调的是人参与到环境中去，寻求在人、所处场所、周边环境三者之间审视全新的人与环境的互动关系。

景观设计要摒弃人类中心论调，重塑自然与人的关系，以敬畏的心态充分尊重自然条件，适度改造环境和利用自然。

景观设计师时常在旁观者与分享者、参与者与构建者之间进行角色转换。这种转换依赖于如何发掘被科学证明和经验描述了的自然审美、艺术审美、科学知识、历史文化、日常经验等这些因素对环境审美和景观设计的相关性，并且如何纳入到动态的、全方位、多层次的知觉统一体中来。

建立环境整体观，强调景观设计的参与性和体验性，可吸引人们积极主动地参与到其中，营造多感官互动的体验空间。

——观察记录

选择一处城市公共空间，观察市民最普通、平凡的日常文化娱乐活动并进行分类，如广场舞、乐队剧团表演、太极运动、地上书法等，思考这些活动反映出他们怎样的生活方式、生活习俗、文化价值观念等。场地中是否为这些活动或行为提供空间保障和设施设备，空间是否保证了市民行为和活动的安全，是否存在着空间死角造成空间活力的减少。

2.4 环境知觉

◀相对论，M.C.埃舍尔/Relativity， M. C. Escher(1898—1972)，1953

◎埃舍尔的作品多以平面镶嵌、不可能的结构、悖论、循环等为特点，从中可以看到对分形、对称、双曲几何、多面体、拓扑学等数学概念的形象表达，兼具艺术性与科学性，给人一种错综复杂的游戏感和反常态空间感的视觉情趣。

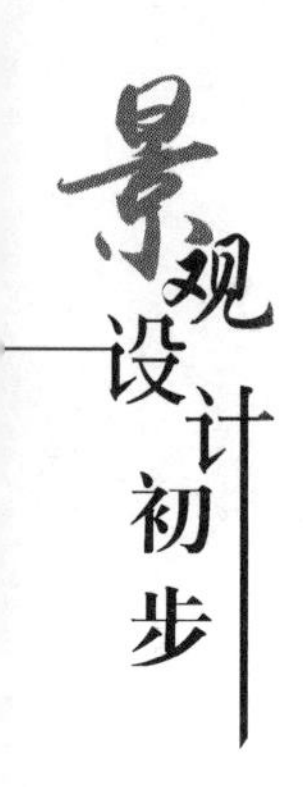

1. 感知构成

认知过程是人对客观世界的观察、理解与判断的过程，包括感觉、知觉、注意、记忆、思维、语言等生理和心理活动。人类认识世界是从感觉和知觉开始的。

感觉是通过某一感觉器官获取某一事物单个属性信息的过程，如事物的形状、大小、颜色、光滑与粗糙、气味、声音等。而知觉则不同，往往是多种感官参与活动，还结合以往经验，将事物多种属性综合为有意义的整体。感觉反映事物的属性，知觉反映事物的整体；感觉是知觉的基础，知觉是感觉的深入。因此，知觉对客观现实的反映比感觉更真实、更完整。感觉和知觉一般也被统称为感知。

目前有三种比较流行的知觉理论：格式塔知觉理论、生态知觉理论和概率知觉理论。

2. 知觉器官

环境知觉是人感受外界环境的过程。人的环境知觉是由视觉、听觉、嗅觉、触觉和味觉等多种感觉综合而成的。人有两类感受器官：距离型感受器官（如眼、耳、鼻）和直接型感受器官（如皮肤和肌肉）。这些感受器官有着不同的分工和工作范围。

3. 知觉特性

知觉具有以下特性：

① 选择性。在一定时空条件下，人不可能对众多事物进行感知，而总是有选择地把某一事物作为知觉对象，与此同时把其他事物作为知觉背景，这就是选择性。分化对象和背景的选择性是知觉最基本的特性。

② 整体性。当人感知一个熟悉的对象时，哪怕只感知了它的个别属性或部分特征，就可以由经验判知其他特征，从而产生整体性的知觉。

③ 理解性。在知觉过程中，人用过去所获得的有关知识经验，对感知对象进行加工理解，并以概念的形式标示出来。在理解过程中，知识经验是关键。

④ 恒常性。人们对于变化着的事物的知觉具有一定的稳定性。知觉条件发生一定范围的变化时，知觉映像会保持相对不变。

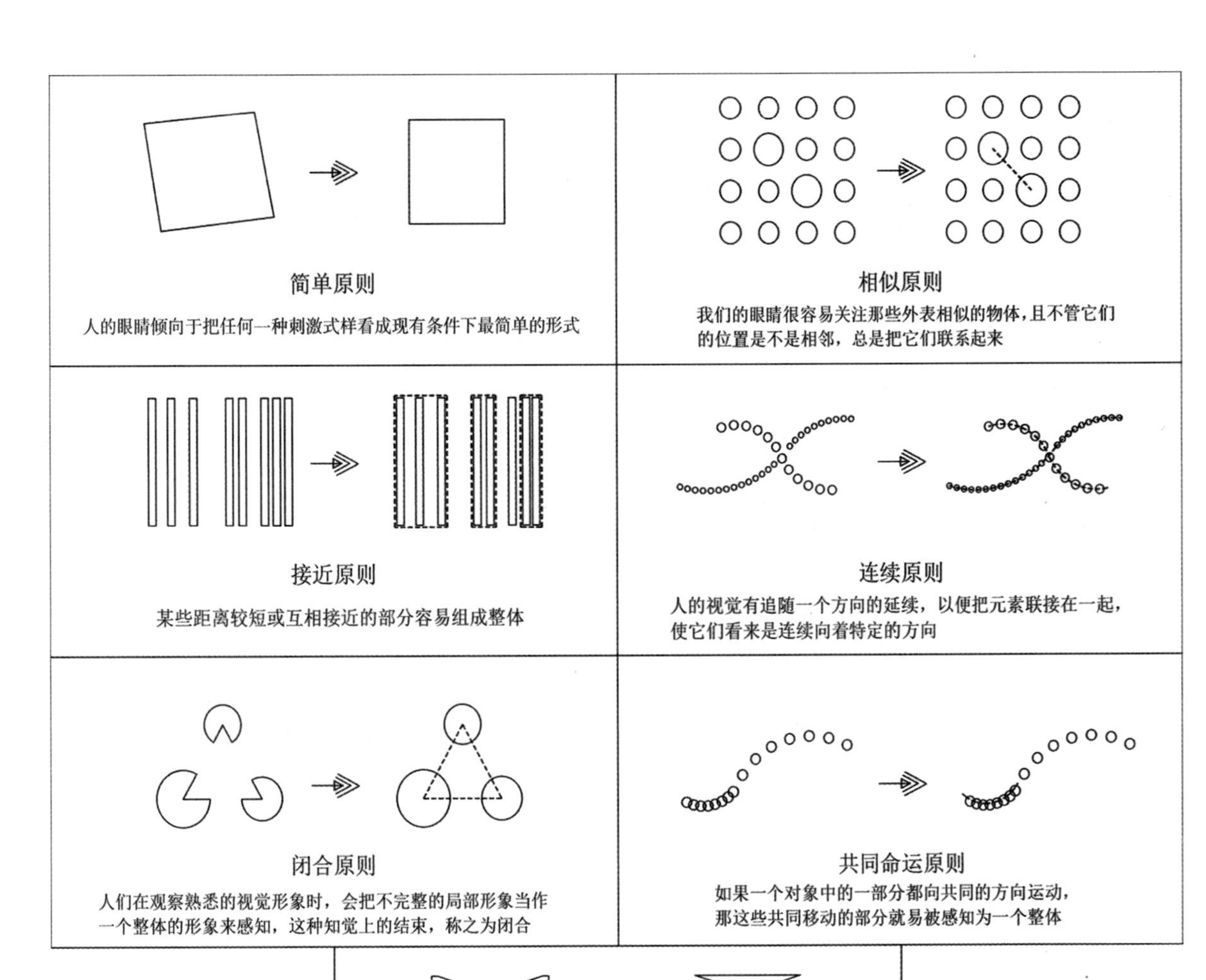

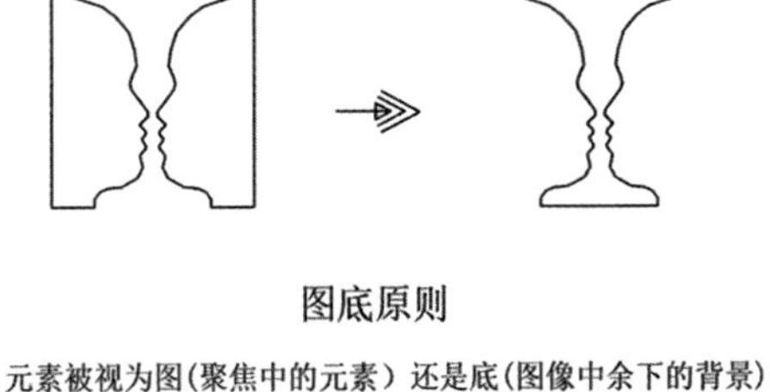

▲格式塔心理学知觉图示

◎格式塔学派是心理学重要流派之一，兴起于20世纪初的德国，又称为完形心理学，由马科斯·韦特墨（1880—1943）、沃尔夫冈·苛勒（1887—1967）和科特·考夫卡（1886—1941）三位德国心理学家在研究似动现象的基础上创立。格式塔是德文Gestalt的译音，意即“模式、形状、形式”等，意思是指“动态的整体（dynamic wholes）”。

◎格式塔学派主张人脑的运作原理是整体的，“整体不同于其部件的总和”。例如，我们对一朵花的感知，并非纯粹单单从对花的形状、颜色、大小等感官资讯而来，还包括我们对花过去的经验和印象，加起来才是我们对一朵花的感知。

▲圆圈镇，瑞士山区Vercorin镇/Felice Varini，2009

◎艺术家根据几何公式用金属漆粉刷着小镇，使小镇变成了一个巨大的艺术品。这位艺术家尤其擅长利用几何错觉艺术，把观众眼前的既有景观进行切割和重新构建。乍一看呈现出的是不规则的碎片图形，只有特定的角度才能见识“庐山真面目”。

▶ Reading Between the Lines， Limburg，比利时/ Gijs Van Vaerenbergh，2011

◎设计的原型还是基于当地的教堂，但是通过使用水平版，传统教堂已经转化为一个透明的艺术对象。根据参观者的角度，教堂要么是一个巨大的建筑，要么部分或者全部地消解于景观之中。另一方面，那些从教堂内部看外面的参观者，可以看到线条抽象展示出重新形成的外部景观。换句话说，教堂使得对环境的主观体验变得可视化，反之亦然。

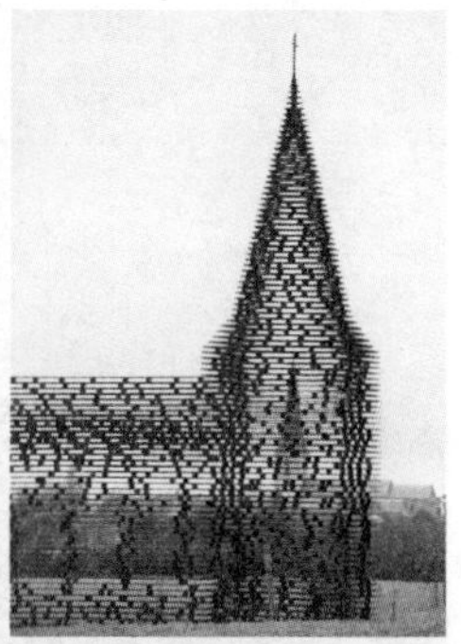

——热点关注：城市意象是空间元素还是非空间元素？

在麻省理工学院建筑学院执教的凯文·林奇（Kevin Lynch）于20世纪60年代提出了一套十分具有开创性的调研方法来研究人对城市空间的感知，发表在其著作《城市意象》一书中。与一般调研不同，他的调研并不仅仅局限于访谈，而是创造性地采用了“认知地图”的方式，给每一位街上的受访者纸笔，让这些非专业人士画出他们各自记忆中的城市。通过波士顿、新泽西、洛杉矶三个城市的样本，分析城市的使用者在行走于公共空间时，如何提取和解读城市的空间信息，如何将这些信息予以图像化表达。有趣的是，他在访谈与绘图中发现了多数人对城市意象感知的共性规律，由此他归纳出了五种具有空间代表性的元素，后人也称其为“城市意象五要素”：节点、路径、区域、边界和地标。各元素相互作用交织，在时空变化中共同构成一个城市的“可读性”和“可意象性”。

一个城市的认知地图体现了当地居民对于城市环境直接或间接的经验认识，是居民头脑中的“主观环境”。认知地图既反映了城市早期规划的实际效果，又可为后来的设计师在新一轮的规划制定过程中提供有效的导向意见，还可为城市管理者提供城市管理方面的新思路。基于五要素的城市意象认知方法成为研究城市空间结构的重要范本，也是城市设计的重要工具与法宝。

基于城市意象五要素的意象认知方法剔除了城市的社会意识、风土人情、历史变迁、城市功能，甚至名称等与意象形成有关的因素，而只是关注构成城市的实体环境。有评论称，这种形态认知对城市空间方向指认非常有效，但是图像化的意向表达明显地把城市元素平面化、二维化和结构化，同时也忽视了城市意象其他层面的意义。

城市意象从提出至今，其研究内容从单纯的空间实体元素发展到以城市空间为主，并加入城市文化、社会行为和自然景观等独特性的意象元素。城市意象的真正价值是城市文化认知中差异性的内容。这种差异性就是我们通常所指的城市特色。挖掘城市特色的构成，如建筑风格、自然环境特征、历史风貌特征、城市格局、城市轮廓景观与标志性建筑、公共空间与设施等才是城市意象研究的归宿。同时也更加注重非物质性的意象要素，如活动、事件、民俗、行为和文化等在空间中令人印象深刻的各类活动和现象。

近年来，随着信息通信技术与移动互联网的发展，网络数据被广泛地应用于城

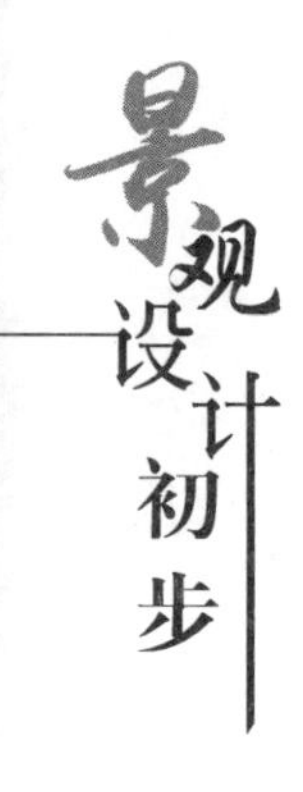

市研究中，城市意象的研究方法从认知地图、调查问卷等传统方法发展到利用地理照片数据、网络开放数据等新方法。比如，国内外研究者们已经着手从网络照片中筛选图元文件、拍摄时间、上传时间、拍摄设备、用户标签、深度学习标签、经度和纬度等大数据信息进行量化研究，很好地弥补了传统城市意象研究中调研手法单一、数据获取困难和受主观影响大等缺陷。尽管大数据的采集途径和量化分级，以及网络普及的地域差异等可能还需要进一步提高精度和广度，但是大数据开发与应用提供了全新的研究视角和应用方法。

▲（左）北京钟鼓楼附近胡同与（右）西安明代城墙东南角

◎同样都是历史名城，北京和西安的城市特色仍然存在着相当的差别。胡同框架和北方四合院建筑为单元组成了北京的城市历史肌理，而西安连贯的明代城墙和护城河则明显区分了“城内外”区域，构成了西安城郭方正的历史印记。

——设计建议

环境知觉主要强调人在知觉过程中的主动角色。

人们接受环境信息时，以视觉为主的多种知觉之间的相互影响会引发体验上的变化。由此在设计中要考虑不同知觉之间的相互关系，如相互削弱和破坏、加强或协同、补偿与替代。

设计时要注意强调图底之分，这样有助于突出景观环境的主题。如果图底关系处理不好，图底不分或者难分、颠倒，就会成为混乱、模糊的图形，知觉体验就会被忽略或漠视，造成消极的视觉疲劳体验，从而影响环境空间的使用和评价。

——观察记录

绘制认知地图。选择一处日常熟悉区域，首先默写出该区域的平面图，标记出交汇节点、道路布局、片区划分、边界元素、显著地标的位置，再依据此意向地图到现场重新考察，思考地图元素与实际空间元素之间的对应关系，总结元素形态、色彩、肌理、尺度或者体验特征对于意向形成的作用原理。

2.5 人体工学

◀《摩登时代》/查理・卓别林，1936

◎电影中的吃饭机被认为可以在最短的时间内“喂”工人吃完饭。谁知在查理试用的过程中机器出现了问题，结果搞得查理也几近疯狂。那么是机器适应人还是人适应机器呢？

1. 人体测量

人体工程学（简称人体工学）主要研究人—机—环境的相互关系，以此来保证人的安全、健康、生活舒适和工作高效。

通过人体测量可以获得有关人体的心理和生理特征的测量数据，为研究和设计环境空间中人的使用工效和行为活动提供依据，并提供适应人体的物理环境的最佳参数，使空间设计更加舒适、高效和安全，以此来实现场所的人性化。

测量内容包括了人体形态测量（静态的人体构造尺寸和动态的人体功能尺寸）、运动测量（动作范围、动作过程、形体变化等）、生理测量（疲劳测定、触觉测定、感觉反应测定等）。

2. 适用特征

测量表明人与人之间对使用对象尺度的要求既有相似性又有差异性，从而可以得到一个适应范围，即最佳范围和极限尺度。相似性是指在正常状态下，人与人之间具有相似性的生理特征，如结构活动特征、感觉适应特征等；差异性主要表现在人的年龄、性别和生理上的差异，如身材的高矮、胖瘦以及身体的健康程度等。由此得出两种结论，即相似性能提供共同的适应范围，而差异性则提供特殊适应的极限。所以相似性越强，适应程度越高；差异性越强，适应程度越低。

3. 人与环境

从景观来看，人体工程学的主要功能和作用在于通过对人的生理特征和心理特征的正确认识，景观环境会更适合人类的生活需要。根据人体结构、人的心理形态和活动需要等综合因素，充分运用科学的研究方法，通过合理的空间组织、环境和设施的设计，人的活动场所会更加人性化。

美国纽约雅各布·贾维茨广场（Jacob javits plaza）的三个设计

▼[美]理查德·塞拉（Richard Serra）的“倾斜弧”，1981—1989

◎1981年，塞拉受委托创作了一座大型公共雕塑：长120英尺（约37米），高12英尺（约3.7米），是一座由生铁铸造而成的弧形墙面，故名为“倾斜之弧”。这道巨型墙面横穿广场，将原本开阔的公共空间拦腰截断。如此气势撼人的大手笔反映出塞拉前卫、大胆的艺术风格。然而这座雕塑落成不久，便遭到附近公众的抱怨，称其严重阻碍了行人的视线与日常轨迹（因其高度远远超过正常人身高）。1985年，政府就该雕塑的命运进行了一次公开论证。该雕塑最终在1989年被拆除，场地最后用纽约标准化的座椅和种植替代。

▶ [美]玛莎·舒尔茨（Martha Schwartz）的“甜甜圈”座椅，1997

◎舒尔茨认为她的设计应该是一个“坐着享受午餐的地方”。因此她设计了一系列曲线形的绿色长椅和草丘（后来改为小灌木），并在周围布置了发光管和喷雾。整个广场的地面被漆成紫色的蛇纹图案。该景观建成之后广受好评，但在后来的使用当中，因为没有遮阳的绿荫且通风不畅，以及类似迷宫的通道和并不舒服的座椅，也招致了不少抱怨。

▲[美]Michael Van Valkenburgh Associates，2013

◎新的设计力图建立一种令人愉悦的“抽象的自然”。新的广场不只是进出摩天大厦的通道，更是休闲的场所。地形创造了户外的“房间”，加之弧形长椅和植物配置更好地强化了空间的围合感。这些空间被精心设计以保护游客免受冬季寒风和夏日阳光的肆虐。种植、喷泉和人行道的组合使广场不会显得空洞，并为市民交往活动提供了空间。

——热点关注：身体缺陷还是环境缺陷？抑或是设计缺陷？

受20世纪初的人道主义思想的影响，无障碍设计（barrier-free design）这个概念始见于20世纪70年代。无障碍设计强调在科学技术高度发展的现代社会，一切有关人类衣食住行的公共空间环境以及各类建筑设施、设备的规划设计，都必须充分考虑具有不同程度身体伤残者和正常活动能力衰退者（如残疾人、老年人）的使用需求，配备能够应答、满足这些需求的服务功能与装置，营造一个充满爱与关怀，切实保障人类安全、方便、舒适的现代生活环境。

早期的“无障碍设计”是西方国家为了方便二战期间伤残老兵出行和生活而提出的。其实质是专为残疾人设计，主要服务对象是因先天或后天因素导致肢体或者感官伤残的人群。这种设计的出发点是本着为残疾人服务而定的，也对残疾人融入社会起到了良好的效果。但是也有人认为，在大众环境下专为残疾人设计容易把残疾人划为特殊的“异类”而对待，处理不好容易使残疾人感觉受到歧视，忽视了对他们人格的尊重，也就造成了设计使用效率低下。因此后来有人主张无障碍设计的服务对象扩大到所有的行动不便或者认知不便者，包括残障人士、老年人、孩童、孕妇、病人、推婴儿车者、携重物者、外国人等，甚至包括在特定环境中会遭受到障碍的人。

通用设计于20世纪90年代提出，其理念强调设计时考虑对象不应局限特定的人群，即不应只考虑行动不便的障碍者，而应在设计之初考虑到所有使用人群，并以全体大众为出发点，让设计的环境、空间与设备产品能适合所有人。通用设计体现的是一种公平的、多样化的设计理念，提供一种可以调节的系统或者环境，以满足不同人的需要。

从实践的角度来说，通用设计是一种设计方向，而无障碍设计却是一种设计方法。无障碍设计的最终目标其实就是通用设计。无障碍设计应该是一种在某种程度上可以实现的通用设计，亦可说是通用设计的前奏。

由无障碍设计向通用设计发展的过程中，必须认识到：行动不便者在生活中的诸多不便、遇到的各种障碍并不是因为他们自身的缺陷，而是由所处环境的缺陷而造成的。这一点是尤为重要的。人在不同的环境中，也可能会有短暂的行动不便，这是由于外界环境的变化而造成的，并不是人本身能力的缺陷。譬如：人在高噪声的环境（如嘈杂的火车站、喧闹的大街、交易市场等）中，相互的交流变得很困难，这时与听力障碍者所遇到的不便基本相同；在人们手提重物或者怀抱小孩时，无法腾开双手去进行一些简单的动作，这就与上肢障碍者在行动时所遭遇的障碍是一样的；推着婴儿车的母亲在台阶前遇到的困难其实与乘轮椅者所遇到的困难是一样的；外国人在一个语言不通的国家遭受的际遇其实与听力障碍者基本上是一样的。因此，任何一个人都有可能在某个特定的环境中或者时段，出现一些行为上的障碍，如行动不便、感觉迟钝、生理机能下降等，而成为相对来说不健全的人。或者说，环境障碍很有可能是设计的缺陷和不健全造成的，而非全是人自身的原因。

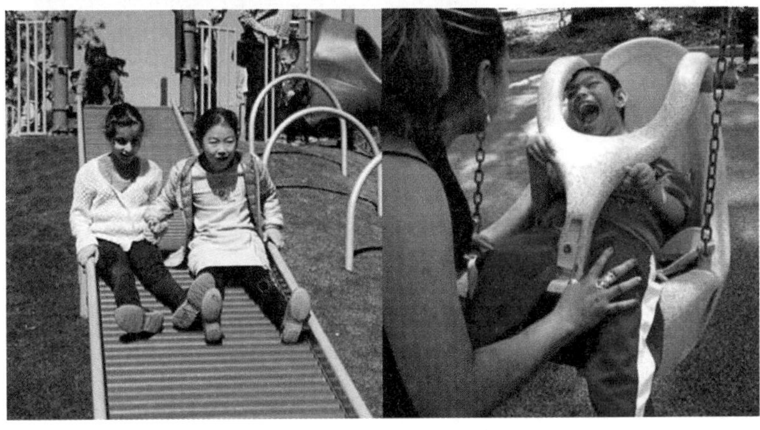

◀ 米切尔公园的魔法桥游乐场，美国加利福尼亚州帕罗奥图市/ Royston Hanamoto Alley and Abey，2015

◎魔法桥游乐场由包容性游戏专家、教育家、治疗师、有残疾儿童的家庭以及景观设计师组成设计团队。设计团队旨在让残疾儿童与看护成年人、青少年等所有人都可以进入，提高正常儿童与残疾儿童之间的理解与互动等社交技能。

▶洛逊广场无障碍Z字形坡道设计，温哥华/[加]亚瑟·埃里克森（Arthur Erickson，1924—2009)，1973—1983

◎Z字形的残疾人缓坡通道不仅增强了数级台阶的韵律感，也巧妙地组织了动静空间。

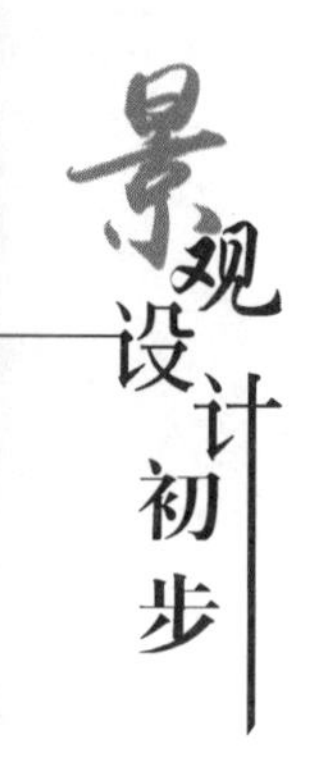

▲萨蒙斯公园的无障碍坡道/美国得克萨斯州达拉斯

◎坡道在满足无障碍通行的时候，也能为普通人提供一个休憩的社交场地。

——设计建议

依据人体工程学中人体的尺度、心理空间、活动领域及人与人交往空间的相关测试数据，确定景观的空间范围、公共设施的形状尺度及适应人体的景观环境最佳参数，为景观设计提供了科学的依据。

景观设计本着人性化原则，在具体设计中要兼顾绝大多数人的使用需求，特别是在细节处关照行动不便人群在环境中的行动、识别能力和心理需求。

——观察记录

测量自己的身体数据，如身高、臂长，以及动态数据（前进时摆手的幅度、跨一步的距离等），并与常规数据进行对照，理解和掌握日常生活中各种设施的尺寸与使用要求的关系。

2.6 场所精神

◀四川合江尧坝古镇“娘亲古榕”

◎中国古村落必有古树、古桥、古塔等。各地的古村落往往都拥有着和其村龄相当抑或是比村子还要古老的树木。这些树的光华在一代又一代的人中积淀，有传说、有神话、有传奇。这些古树就充当着记录这条街、整个村落几代人生活的记忆载体。

场所精神具有唯一特性，包含着具体空间丰富的历史文化信息，是该地区人们得以维系认同感的重要载体。

常态的稳定精神是人类基本的需求。人和社会对场所的认同是一点一滴形成的，是一种缓慢的力量，但一旦形成又构成了稳定的场所精神。场所虽然会因其他的因素产生变迁，然而唯有在变迁中仍能掌握其场所精神才不至于造成场所的混乱与迷失。当然，积极的变化能使场所精神以新的方式体现出来，消极的变化则会破坏场所的结构，导致场所精神的丧失。

场所精神使主体明确自己与场所之间的空间关系，消除人对空间的“迷失”，即方向感，从而在内心对形成场所预期和由场所特性而产生认同感。当场所具备的特性符合了人的心理期待，场所便成为人的情感寄托，稳定人的心理结构，使人与外部环境产生一种有意义的关联，从而使人产生认同感。

1. 场所和空间

场所和空间在日常使用中含义基本一致，但是在专业领域，两者并不一致。空间是一个抽象概念，而当空间向使用者传递特定意义时才能被定义为场所。由此，场所是具有清晰意义的空间，是由具象组成的生活世界。场所不仅具有实体空间的形式，还有精神上的意义。

2. 场所特性

场所存在于某一个特定位置，并且在不同范围内场所之间存在相互沟通的线索；场所是特定空间的自然和文化元素的融合，由此相对于场所的使用者来说场所都是有意义的、独特的；场所的历史、现在与未来相互作用，渐渐成为特定历史的组成部分和群体记忆的重要载体。

活动于场所内的主体与场所之间是双向互动的。主体对场所的互动表现在主体的价值观念、文化、信仰、行为方式和思维方式与该场所产生互动与共鸣，主体会对其产生依赖和归属感。场所对主体的互动不仅包括对个人自身身份的构建（个人认同），而且包含其他人对该场所中群体的构想和认同（社会认同）。

城市厂区

攀岩场地

金属广场

场地绿化

绣球花园

公园夜景照明

▲ 德国北杜伊斯堡景观公园

◎其原址是炼钢厂、煤矿和钢铁企业，周边地区污染严重，于1985年废弃。公园设计与其原用途紧密结合，将工业遗产与生态绿地交织在一起。各个工业遗迹之间产生了新秩序，并且作为内涵丰富的要素和符号，成为景观的一部分。设计师通过对工业遗迹的重新挖掘，丰富其使用功能以满足当代生活需要，并将其与自然景观有机结合，使场地具有多种发展的可能性，增添了新的活力。

——热点关注：无根之城，何以为记

● “短命”的中国建筑

2010年，时任住建部副部长仇保兴在第6届国际绿色建筑与建筑节能大会上指出：我国每年20亿平方米的新建面积，相当于消耗了全世界40%的水泥和钢材，而建筑寿命只能持续25～30年。相比之下，国外一些建筑的寿命却能够达到100多年。我国《民用建筑设计通则》中规定，重要建筑和高层建筑主体结构的耐久年限为100年，一般性建筑为50~100年。这里30年的建筑寿命确切来说应该是指“建筑实际使用寿命”而非设计寿命。当然，造成建筑还没到安全使用年限就被拆除的原因是多层次的：城市化进程过快致使城市内部更新速度加快和房屋功能转变；土地资源的相对紧缺导致市场必然淘汰低容积率的建筑；城市规划缺乏系统性和延续性使得城市用地规划缺乏前瞻性；个别严重的偷工减料造成建筑质量过差。

● 消失的老北京胡同

通过对北京胡同的调查得出：北京老城区胡同保有量从1949年的3250条减少到1990年的2257条；20世纪80年代末90年代初几批大拆大改，老北京胡同到2003年仅剩1571条，到2007年剩下1243条。市政府已经确定的城市总体规划中，30片保留的历史文化保护区范围内仅有胡同660余条，问题是保护区之外有一半的胡同是否要保护尚不明确，这部分没有包括在总体规划所谓的整体保护范围之内。

● 名人故居被拆

1999年，为了拓宽广渠门大街，位于北京东城区磁器口十字路口东北侧的曹雪芹故居“蒜市口十七间半”数天之内成了一片颓垣败瓦。2003年，梅兰芳的故居“无量大人胡同5号”（后来的红星胡同5号）虽被列为文物，但仍然被拆除。位于北京老城北总布胡同24号院的梁思成、林徽因故居，从2009年7月起经过持续2年多的“拆迁”与“保护”的拉锯战，梁林故居终究未逃脱碎为瓦砾的命运。

● “打造”历史文化街区

很多城市在拆除古街区后制定种种再造计划：“打造”文化产业区、艺术休闲区、养生餐饮区等。大多再造计划扼杀了原本自然形成的充满古朴情调的生活场所，切断了历史的文脉，消灭了城市记忆。而如此可以在一时间“打造”出来的历史和文化，又无一不是令人生厌的仿古影视城。

● 无根之城，何以为记

建筑是城市的根基，它无时无刻地记录着这座城市的故事。但是当水泥森林拔地而起，我们失去的不仅仅是一栋古宅、一件文物，更是一部记录着岁月风霜的历史。根基没了，这座城市的记忆又哪儿去找？

通过大拆大造，我们不难看出在快速城市化和现代化进程中，不少城市盲目追求经济利益以致文化底蕴的日渐匮乏。问题的出现并不在于城市本身，而在于城市背后所蕴含的价值观念和文化观念。

◀ 2012年2月6日，已经拆除的东城区北总布胡同梁林故居废墟（三联生活周刊）

◎梁林故居于2009年被国家文物局认定为“不可移动的文物”。此次事故调查原因称，开发单位是考虑到故居房屋陈旧、几经翻建、无人居住等原因，易出现险情，因此进行了“维修性拆除”。

◀ 百年济南火车站拆建又复建又停建

◎济南老火车站是指“津浦铁路济南站”，是19世纪末20世纪初德国著名建筑师赫尔曼·菲舍尔设计的一座典型的德式建筑。1992年，在一片反对声中，有着百年历史、被称为远东第一站的济南老火车站被拆除。2013年，又宣布“复建”老火车站，其后不到一年又宣布停建。

——设计建议

设计中使用场所精神构建，寻求和维持人类体验、自然过程和物质环境三者之间持续的匹配关系，确保场所精神的完整性和时空连续性，给予使用者对环境的再认知，加强认同感和归属感。

场所精神虽然是具体存在的，但也是隐蔽的，这就需要设计师深入场所及其周边去实地勘察与调研，把握场地本身有别于其他场所的内涵。再通过总结与分析，景观元素会被组织和展示出来以便将“场所精神”视觉化，成为能够被感知的具体意向，从而使场所精神在新旧场地变更时能够延续下去。

场地中原有设施到达使用年限之后，或原有功能设定遭遇转变时，场所面临着原有环境如何处置或二次设计。景观设计并非都是在推翻原有环境基础上做全新设计，而是充分利用现有场地中的有利因素，改造不利因素，运用“保留、再生、利用”的设计手法充分尊重历史和基地原有特征，使场地环境得到二次重生。

——观察记录

根据童年或者曾经熟悉的生活区域的片段记忆，重新考察该区域的现状，观察道路、建筑、空地发生了怎样的变化，思考这些变化在城市建设与更新中的作用是什么。

2.7 地域景观

◀ 四川合江福宝镇

◎古镇依山傍水，五桥相通，三水相汇，周围青山翠叠，河岸绿竹摇风。高处望去，高低错落、鳞次栉比的屋宇千姿百态，一排排吊脚木楼随山势起伏，错落有致。

1. 地域

“域”作为一个范围的量词，将“地”限定在某一范围。

地域是指有内聚力的地区。根据一定标准，地域本身具有同质性，并以同样标准与相邻区域相区别。

地域的同质性表现在地理环境与文化特征上。同质的地理环境包括相似的气候、雨量、地形、土质及野生动植物等；同质的文化包括同样或相似的社会体系、人口结构、生活方式和风俗习惯等。由于自然和人为的因素，任何一处场所都可以形成自身的历史印迹，而自然环境和人文积淀具有多样性和特殊性。

2. 地域性

地域性强调的是这个地方的特性，也可以说地域性更多是表明一种批判和价值取向的态度。

地域性是对于某特定的地域，其中一切自然环境与人文环境共同构成的共同体所具有的特征。地域性表现出明显的内部相似性和连续性的优势、特色和功能。尽管地域内部与外部具有一定差异性，但这种差异性也是建立在地域内外之间普遍联系之上的。

3. 地域景观

地域景观包含着三个相互关联的层面：一是自然环境的层面；二是人文环境的层面；三是社会环境的层面。三个层面相互关联，相互影响，决定着地域景观的形成和发展。自然环境层面包括制约地域景观形成与发展的地形、地貌、植物、水、气候条件等地景的组成元素。这些元素直接影响景观的面貌，使人们能最直观地感受到地域的特征。人文环境层面包括一定景观环境中的乡土村落、历史传统、风土人情、观念习俗、文艺形式、建造技术等，在景观中表现为建筑风格、空间环境的布局等。社会环境层面包括特定地域内的经济发展状况及社会组织制度等，这些因素体现景观的社会价值。

鸟瞰　堑道　东门广场入口　何陋轩　何陋轩的南坡顶　何陋轩弧形墙

▲上海松江方塔园/冯纪忠（1915—2009），1982—1986

◎东门广场的入口建筑和垂花门，在采用富有江南水乡意蕴的小青瓦顶的同时，以具有时代特征的轻钢结构，表达了对历史文物的充分尊重和创新。

◎堑道位于方塔园北部，步道两壁以花岗岩石砌成。设计意图是遮挡原基地北侧碍景的五层工房，同时堑道也有高差变化，运用古典园林幽旷开合的处理手法来使空间收放自如。这样做都是为了弥补塔基过低的不足，通过甬道和堑道的标高变化以模糊游人对塔基标高的概念。加之周边的香樟林下的光影斑驳，引人入胜，有穿越时空之感。

◎借用唐代诗人刘禹锡的《陋室铭》命名的“何陋轩”茶室，位于方塔园东南角竹林深处。茶室建筑在文脉上与当地的文化内涵相关联，造型仿上海市郊农舍四坡顶弯屋脊形式，毛竹梁架、大屋顶、茅草屋、方砖地坪、四面环水、弧形围坪、竹椅藤几，古朴自然，与四周竹景融为一体，浑然天成，别有风致。何陋轩充分体现出方塔园的“与古为新”的设计理念。

◎何陋轩的南坡顶压低檐口（比北檐口标高低约1.5米），将亭内视线引于水面。支撑竹结构的柱子经过精密计算，呈现网络状几何形式，体现了精密的理性技术与丰富的感性神韵。竹结构上的节点涂以黑漆，使构件的节点被模糊虚化，造成支撑结构轻盈飞动的效果。

◎何陋轩入口通道上的几段隔断的弧形墙不断变化，引导出清晰的次序感。

——热点关注："洋风"吹散"国风"？

洋风，确切地说是欧陆风。这是一个很笼统的叫法，是一种形容建筑样式和庭院等空间环境采用西洋古典设计和装饰手法的、具有一定模糊性的商业提法。20世纪80年代，这种欧陆风格刚在房地产市场上露面，便得到了广大消费者的认同。随着房地产业在全国的迅速发展，这种外来文化的冲击遍及全国。

从简单的欧风别墅、柱廊老虎窗发展到许多住宅小区、临街商铺、馆堂宾舍乃至体块庞大的商场、剧院、图书馆、公寓大厦、办公写字楼等大型公共建筑，这些工程姑且不管其使用性质和所处地段环境，建筑形式一律采用"欧式"做法，披上"洋外衣"。各种室内外装修、环境小品更是以"洋"为美，不少业主，甚至一些建筑师对所谓的"欧式风格"欣赏有加，开发设计，争相效仿。精明的商家们也紧紧围绕这个"主题"，纷纷出版有关书籍，扩大欧式装饰配件生产规模。再看国内的很多城市，有的整个街区到处林立着从头到脚装饰着各种尺度和比例的西洋古典做法的高层建筑或者住宅建筑，即使在欧洲也是一种未必可以看到的景象。

然而随着这股旋风影响的深入，这些古典元素开始被无限制地滥用。这些所谓的欧陆风建筑开始一味地堆砌、拼贴古典符号，希望通过模仿西方高雅古典建筑的形式、建筑空间和形象，来虚构一种文化环境，满足建筑或城市的"虚荣心"。但是这种形式的建筑设计并没有真正理解这些古典元素，而是一种机械的模仿，造成了古典元素的滥用。

从文化交流的角度来看，借鉴国外的形式语言和装饰符号本无可厚非，况且在历史上也不乏优秀的作品，例如圆明园的西洋楼、南京中山陵等。但是，如今的问题在于这股欧陆洋风成了一种身价的标榜，一种情趣的张扬，一种文化的优越，一种普遍倾慕的社会心态，这样性质就变了。再从风格的角度而言，单就西方建筑风格与流派发展来看，一种西方历史上从未出现的"欧陆风"却在中国大地上蔓延，实在是让人有些无奈与无解。并且从世界范围来看，这种欧陆风可以说是所谓的"后现代主义"在反对现代主义忽视地方性和民族性上旗开得胜之后，却因其立论不明的商业资本立场掉进了自己的理论黑洞的实践结果。

此外，更值得注意的是，在乡村——这个在中国建筑几千年历史不断传承的重要领地，如今也在迅速欧化。

乡村发展的巨变使乡村生活方式也发生了变化。旧房子占地面积大，功能使用不方便，结构安全系数多变等，确实影响着村民的房屋使用。村民有改善生活方式的需求。但现实是，如今欧式风格在乡村新建住宅中大行其道。选择什么风格的房屋，村民当然有绝对的选择权。但是为什么舍弃了中国传统建筑模式，而大兴欧式风呢？村民是以什么方式接触并乐意使用欧式风格呢？这是值得深思的。

▲ 在农村非常普遍的欧式自建房

◎在外打工挣到钱的村民们陆续回家盖新房，这种铺满瓷砖、装有罗马柱的洋楼，被认为是“富裕”“气派”的标志。

在城市居住小区随处可见的欧陆风

◀ 杭州市富阳区东梓关村回迁农居/Gad 杰地设计，2016

◎设计旨在竭力避免城市对传统村落肌理的侵袭，力求还原乡村的原真性；在低造价的基础上保证品质；以现代的形式语言重构传统元素，以当代建造方式实现地域性表达。

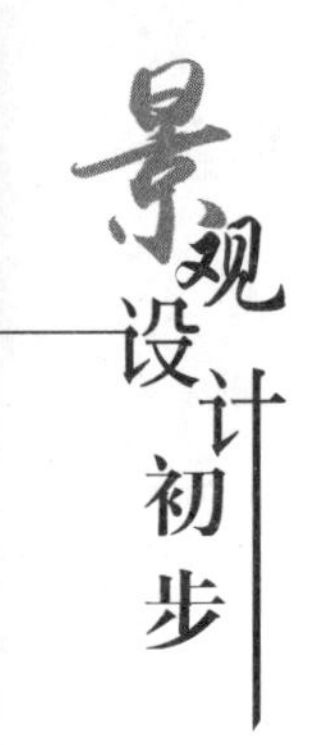

▶苏州博物馆新馆/贝聿铭，2006

◎拙政园、狮子林是苏州园林中的经典，不仅在建筑上难以超越，园艺上更是无法超越。贝聿铭认为，传统园林的假山已经做到了极致，于是他选择了另辟蹊径，在苏州园林博物馆进门的首要位置，以一面开阔的白墙为背景，在前面以石片作为假山。“以壁为纸，以石为绘”，在朦胧的江南烟雨笼罩中，将他喜爱的北宋著名画家米芾山水画加以立体呈现，远远望去，就像连绵不绝的山峦将新馆与拙政园相连。

——设计建议

从自然、人文特征和肌理的调研和分析入手，对地域景观要素进行提炼、组织，共同形成融于地域景观形态，构建满足当地人居使用的景观空间。

尊重场地原有的自然、历史、文化的过程和格局，并以此为背景，通过拆解、重组并融入新的景观空间中，与新的景观环境功能和结构相结合，从而延续地域文化特征和共同记忆精神。

——观察记录

搜集含有中国元素的国外电影，截取其中的中国建筑画面，分析电影中的中国建筑元素有怎样的造型与色彩，是否表达准确和真实，娱乐性、艺术性、商业性是如何将中国元素进行“包装”的。

2.8 艺术思潮

◀ [法]马塞尔·杜尚《泉》/Fountain，Marcel Duchamp(1887—1968)，1917

◎1917年，在巴黎的独立艺术家沙龙展上，杜尚买了一件小便池，签名后命名为《泉》，把它作为艺术品送去参展，却被拒绝。到1960年代，《泉》的重要价值开始被艺术界追认。后来越来越多的人认识到《泉》在艺术史中不可替代的重要性，杜尚也因此被冠以“现代艺术之父”。杜尚让人们重返艺术的本意：重要的是成为一个智慧的人，是不是艺术家、做不做艺术，并不重要。

1. 社会功能

艺术的社会功能有许多种，但其中最主要的是审美认知作用、教育作用、娱乐作用三种。审美认知作用指人们通过艺术鉴赏活动，可以更深刻地认识自然、认识社会、认识历史、认识人生。艺术的审美教育作用主要是指人们通过艺术欣赏活动，受到真、善、美的熏陶和感染，正确地理解和认识生活，树立正确的人生观和世界观。艺术的审美娱乐作用主要指通过艺术欣赏活动，人们的审美需要得到满足，获得精神享受和审美愉悦。

2. 艺术思维

艺术思维就是指在艺术创作活动中，想象与联想、灵感与直觉、理智与情感、意识与无意识、形象思维与抽象思维经过复杂的辩证关系构成的思维方式，彼此渗透，相互影响，共同构成了艺术思维。其中形象思维是主体，起主要作用。艺术思维是对现象和本质两方面进行双重加工，加工的重点在感性形式上，遵循的是个性的情感逻辑。

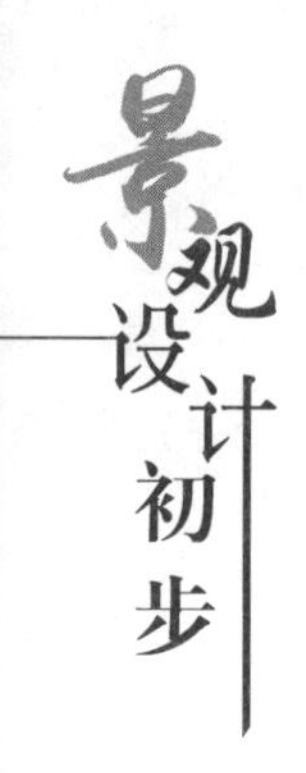

3. 艺术思潮

艺术思潮指在一定历史时期和地域内，随着社会生活的发展以及艺术自身的发展，在艺术领域里形成的具有广泛影响的艺术思想和艺术创作潮流。艺术直接反映的是处于特定时代和社会生活中的社会心理，而艺术思潮则是在对纷繁杂乱的社会心理进行提炼加工的基础上形成的艺术思想潮流。艺术思潮与社会心理是相互影响、相互作用的关系。艺术思潮是在社会心理的基础上形成的，是对社会心理的表现和升华；而艺术思潮形成后，又作用于社会心理，影响和改变社会心理的发展变化。

◀ 面包圈花园/Bagel Garden，Boston，[美]玛莎·施瓦茨（Martha Schwartz），MA，USA，1979

◀ 剑桥大学怀特海德学院“拼合园”Whitehead Institute “Splice Garden”，[美]玛莎·施瓦茨（Martha Schwartz），Cambridge，MA，USA，1986

◎玛莎·施瓦茨是后现代主义的著名景观设计师之一，其景观设计作品在很大程度上受到了波普艺术、极简主义、达达主义、大地艺术等一系列艺术形式的影响，这也使其景观设计作品呈现生活化、多元化、地域化特点。她的作品中体现出了对日常生活的热爱，关注对基地文脉的表现，她的景观设计中常出现几何图形，材料也是日常生活中的廉价材料，注重对景观设计内在意义的升华。

▲澳洲花园/The Australian Garden，Taylor Cullity Lethlean + Paul Thompson，2005—2012

◎澳洲花园将澳大利亚从海洋到沙漠的自然景观提炼浓缩至一个场地，力求艺术最大限度地体现出澳洲之美。花园主要分为东部和西部，中间一水相隔。东部主要是比较正式和规则的人造自然景观，西部则主要是不规则的人造自然景观。艺术化的景观唤起人们的联想，有树林、海洋，有花园、沙漠，有山峦、湖泊，一切抽象隐喻，富有层次和深度。

——热点关注：大地艺术

20世纪60年代，受概念艺术、过程艺术、极简艺术的影响，许多艺术家走出了画室与画廊的狭小环境而投身于大自然的怀抱之中，摒弃了传统画布、颜料与材料的限制，注重艺术与大自然的脆弱性、自然力、自然过程、自然材料等的结合，从而开拓出大地艺术（land art）这一新的艺术领域。

大地艺术是一种以大地为载体，使用大尺度、抽象的形式及原始的自然材料进行的艺术实践。人们对这种艺术的了解主要是通过图片展览和录像的方式。与以往的艺术相比，大地艺术有很强的革新因素，主要表现在对自然因素的关注，即以自然因素为创作的首要选择方向，以批判性的姿态来审视人与自然的现实关系。此时艺术品不再是放置在特定环境中，大地本身已经成为艺术或艺术的组成部分。大地艺术还力图远离人类文明，改变过去艺术品被收藏的商业模式。

大地艺术最有名的作品是罗伯特·史密森(Robert Smithon，1938—1973)的《螺旋防波堤》(Spiral Jetty，1970)。艺术家在美国犹他州大盐湖东北角的岸边建造了一个大螺旋形的防波堤，长457米，宽4.5米，由65000吨黑色玄武岩、石灰岩和泥土组成。整个作品的形状，像蛇一般缓慢地爬入被藻类、菌体和盐湖鳃足虫侵蚀了的粉红色湖水中，非常优美。1971年，由于湖水升起，这件作品沉没在水下4.5米的地方。2002年，数年的干旱之后该作品又戏剧性地重现天日。在淹没期间，石头上已经布满了白色的盐分结晶体。可见，自然界以覆盖盐壳和有机物侵蚀的方式收回并改写了这件作品。

20世纪下半叶最有创造力的大地艺术家无疑是克里斯托夫妇。他们一开始就介入了大地艺术，创作了《包裹海岸》（1969年）、《飞篱》（1973年）等重要作品。1995年6月17日，克里斯托夫妇的又一件惊世之作——“包裹德国国会大厦”变成了现实。为此，克里斯托夫妇用了24年的时间，锲而不舍地游说190位德国议员，说服了德国三大政党中的大多数人，并且不厌其烦地修改方案，耗费了1000多万美元巨资。展示期间，共有400万人观赏了这件令人叹为观止的艺术作品。

作为一种与自然景观相融合的艺术，大地艺术逐渐发展成为以艺术主题提升景观质量的行为。大地艺术大大地拓展了景观设计的视野和范围。

▶ One and Three Chairs，Joseph Kosuth，1965

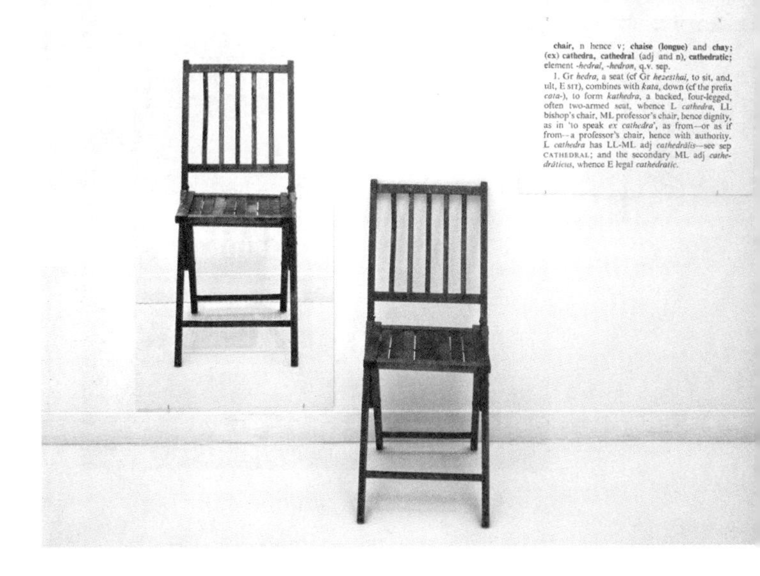

◎这个作品是由一把真实的椅子、这把椅子的照片以及从字典上摘录下来的对“椅子”这一词语的定义三部分构成，很直白地表达了对可视的形的轻视和对内在信息、观念和意蕴的重视。约瑟夫·科苏斯想要表达的核心观念是：艺术品之为艺术品，并不是它的所有构成材料之和，也不是它的美学整体性或呈现方式。椅子(实物)这一客观物体可以被摄影或者绘画再现出来，成为一种“幻象”(椅子的照片)，但无论是实物的椅子还是通过艺术手段再现出来的椅子的“幻象”，都导向一个最终的概念——观念的椅子(文字对椅子的定义)。

▶ 螺旋防波堤，罗伯特·史密森/Spiral Jetty，Great Salt Lake，Utah，USA，1970

◎这个所谓的堤坝并不具备真正防波堤应具有的功能，它看起来似乎更像是以自然为背景的一个巨大雕塑。不过，因为这座防波堤在湖水的不断侵蚀下，其形状也在不断地发生着变化。也就是说，在自然的力量之下，它很快会背离艺术家最初设计的形状，甚至最终消失得无影无踪。这是一种过程的体现，同时也让人感受到人与自然的互动关系。

▶ 包裹德国国会大厦，克里斯托和珍妮·克莱德/Wrapped reichstag，Christo And Jeanne-Claude，Berlin，1971—1995

◎1995年6月17日，在经过23年后，德国国会以292对223票通过，同意艺术家夫妇用白布包裹德国国会大厦，该建筑被包裹了14天，吸引了世界的目光。展示期间，400万人参观。历时24年，耗费1000多万美元。

▲ 意大利的伊赛奥湖《漂浮码头》，克里斯托和珍妮·克莱德/The Floating Piers，Lake Iseo，Italy，2014—2016

▲ 闪电原野，德·玛利亚/The Lightning Field，Walter De Maria，Catron County，New Mexico，1977

▲ 纽约中央公园《门》，克里斯托和珍妮·克莱德/The Gates，Central Park，New York City，1979—2005

◎在新墨西哥州大片的土地上用400根、每根长6.27米的不锈钢杆，按杆距67.05米的标准，摆成宽列为16根，长列为25根的矩形排列。钢杆之间的距离非常大，如果观众身处其间，必须竭力寻找下一根，他们也只有在一根一根的寻找跨越中，才会对作品巨大张力产生切身的体验。在6-9月经常有雷电的季节，这些钢杆就会变成原野中的电极，它们在接引雷电时，它们的角色就是天地之间最佳的纽带。但是它们这时是危险的，甚至有威胁的意味，所以观众必须远远地离开它们，才能欣赏这天地际会时的壮观景象。

▲细胞生命，[英]詹克斯/Cells of Life，Charles Jencks，Bonnington House 2003—2010

◎“细胞生命”是八个景观地貌与四个湖泊，还有连通它们的长堤一起组成的大地景观雕塑。绿色流体几何形状的漩涡用抽象的方式体现出细胞的有丝分裂，细胞膜与细胞核等关系。

——设计建议

艺术在景观设计中不只是一种语言借鉴的来源，而是一种思维方式。建立在艺术基础上的认知结构和艺术思维方式对景观设计师来说是十分必要的。所以，设计师要把设计视野扩展到整个艺术与设计领域，不仅仅局限在本专业方面，而要时刻关注最新的艺术与设计动态的进程，吸取其中的表现形式与思想理念。

在景观设计中对艺术表达进行充分发掘和利用，一方面可弥补现代景观过于追求理性、丧失地域人文关怀的缺点，用景观语言来展示空间场所的独特艺术感染力；另一方面，景观本身作为空间立体艺术，要素、形态组织的美感使文化艺术的传播方式更加多元化。

——观察记录

收集景观设计作品的平面图，用草图的方式将景观元素、空间形态抽象后勾勒出点线面的构成平面，观察平面的艺术构成形态特点，同时将这些抽象图与实际空间相对照，思考平面形态的美感与空间体验美之间的差异与关联。

2.9 技术实现

▶ 城中小屋，3D打印，阿姆斯特丹/DUS Architects，2015

◎这座占地仅8平方米，体积不过25立方米的小房子，在极其有限的场地里打造了一个舒适无比小空间。3D打印技术的灵活性在此展露无遗，黑色的生物质材料带来了丰富的肌理变化，同时也带来了足够的绝缘保温效果以及极低的材料消耗。

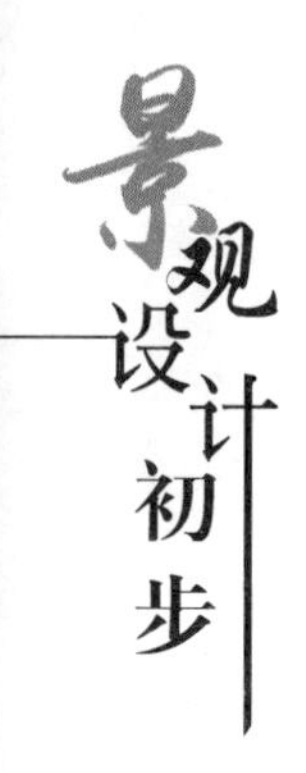

1. 工程技术

设计的实现不仅是艺术生产过程，还是一个工业生产过程。空间设计的工程技术是指在空间建设生产中实际应用的技术，包括了前期施工设计、中期施工建设和后期场地维护的有序全过程，并在相关技术原理、规范和实现条件下以达到预定设计目的。工程技术涉及多个专业领域，技术性、复杂性、综合性、协作性非常强。

2. 生态技术

生态技术是建立在现代生物学、生态学和信息科学等最新科学知识发展基础之上，由整套相互关联的建设和修复技术群形成的技术体系，并且强调这些技术在过程实施中的综合性和最优化。生态技术使用时不造成或很少造成环境污染和生态破坏，这是生态技术最本质的特征。利用生态技术能够实现物质能源减量化，减少污染，减轻生态环境压力，保护生态环境。

3. 表达技术

表达技术是设计人员将设计构想有效、准确、高效呈现出来的技术。设计技术包括设计表达技术、成果展示技术、沟通表达技术。设计表达技术是指设计人员用来推敲、确定设计构想的技术；成果展示技术是指在设计构想确定之后，系统、完整表现设计方案的技术；沟通表达技术是指设计人员与客户、受众在设计信息传播过程中相互交流和认可的技术。这些技术包括了手绘技术、模型技术和数字化技术。手绘技术可以便捷、迅速地记录设计灵感和传达设计构想，模型技术可以很直观地展示设计构想，数字化技术可以用准确、精细的虚拟场景来模拟设计成果。选择合适、精准的表达技术对于设计构思的实现和交流至关重要。

▲宾夕法尼亚大学休梅克绿地/Shoemaker Green，Andropogon Associates，2014

◎该项目将校园中一处未得到充分利用的荒废角落改造成人与自然、历史与当代和谐共融的高效能式功能地块。设计基于一种系统化设计思路，将自然生态系统（土壤、植物、昆虫、鸟类和人类）与人工营造系统（建筑构件和基础设施）共同组合成为一个功能型景观整体。最终呈现于人们面前的是一处极为迷人、惬意的校园空间。

◎设计性能——依照当地条例，能够管理2.54厘米降雨量的绿色雨水基础设施(GSI)系统应当包括：地平线下沙质存储床，设计配比土壤，配有水箱、循环利用暴雨和空调冷凝水的灌溉系统、本土植被以及雨水花园。

◎高性能土壤——公园中最重要的GSI元素为其经过配比设计的高性能土壤：草坪下3英尺深的存储土床、为雨水花园特设的土壤、灌木草本种植床以及木本植物的种植床。土壤由粗沙、沙壤土和3%~5%有机物质混合组成。

◎GSI研究方法——设计团队使用压力传感器以测量水流量，以得到水平衡数据；使用张力计和土壤湿度计以获得土壤水分与蒸发量数据；使用树叶孔隙度仪和比色计得知植物蒸腾量。

——热点关注：数字景观的未来?

从技术的角度来看，“数字景观”并非是一个全新的概念，当计算机技术在景观设计领域开始应用即出现了，如用CAD辅助设计，用数码相机获取数字化风景图片等。随着计算机技术的不断提高，计算能力和速度的提升使得各种功能性软件也不断涌现与升级，如物联网、互联网、遥感技术、GIS技术的发展，以及3D打印技术、可视化技术、虚拟现实技术的提高，景观设计过程对数字技术的依赖越来越大。自2000年开始，每年举办一届的国际数字景观大会（International Digital Landscape Architecture Conference）是目前世界上公认的唯一专注于数字景观技术领域的国际会议，展示了国际数字景观研究的前沿，进一步推动了人们对数字景观的关注。

数字景观强调的是应用于景观分析、规划、设计、管理的技术集合，即借助计算机技术，综合运用GIS、遥感、遥测、多媒体技术、互联网技术、人工智能技术、虚拟现实技术、仿真技术和多传感应技术等数字技术，对景观信息进行采集、监测、分析、模拟、创造、再现的过程、方法和技术，是区别于传统的用纸质、图片或实物来表现景观的技术手段。

根据景观设计的一般过程及数字景观技术在应用中发挥的功能，可将这些技术分为三大类：景观信息采集技术、分析评估技术和模拟可视化技术。

景观信息采集技术依赖集中在社交网络数据、移动终端数据和生理监测设备测析数据等方面的信息，借助技术手段实现景观信息数字化的转变与存储，并将不同来源的时空数据按照一定的映射方式建立景观信息数据库，为后期规划、管理及修复提供服务。

景观分析与评估技术是借鉴相关学科定量分析技术，开发数学分析模型对数字化的景观信息进行生态敏感区分、用地适宜性、景观美感度、可达性、视线视域、风热条件、景观格局的分析与评估等。

景观模拟与可视化技术是将来自测量或科学计算中产生的大量非直观的、抽象的或者不可见的数据，包括景观过程（生态过程、风、热等自然条件变化过程等）和特定时段（过去、现状、规划设计）景观数据，借助计算机图形学和图像处理等技术，以图形图像信息的形式，直观、形象地表达出来，并进行交互处理，使公众对陌生的字眼与数据有了更直观的感官认知。

数字景观技术在数据获取、图纸绘制、方案表达、与利益相关者沟通决策等方面为规划设计工作者带来便捷。但是，值得关注的是，当今海量的时空数据信息的获取、筛选对建立合理景观信息数据库无疑造成一定的困惑；数字技术使分析评估全程量化成为可能，而随之出现的是量化分析结果的定性分析成为难点。另外，依赖硬件技术和程序开发的一站式、智能化景观设计是否会带来环境空间构建上的雷同呢？作为一个设计师的自身审美修养与认知经验又将在数字化过程中起到什么样的作用呢？

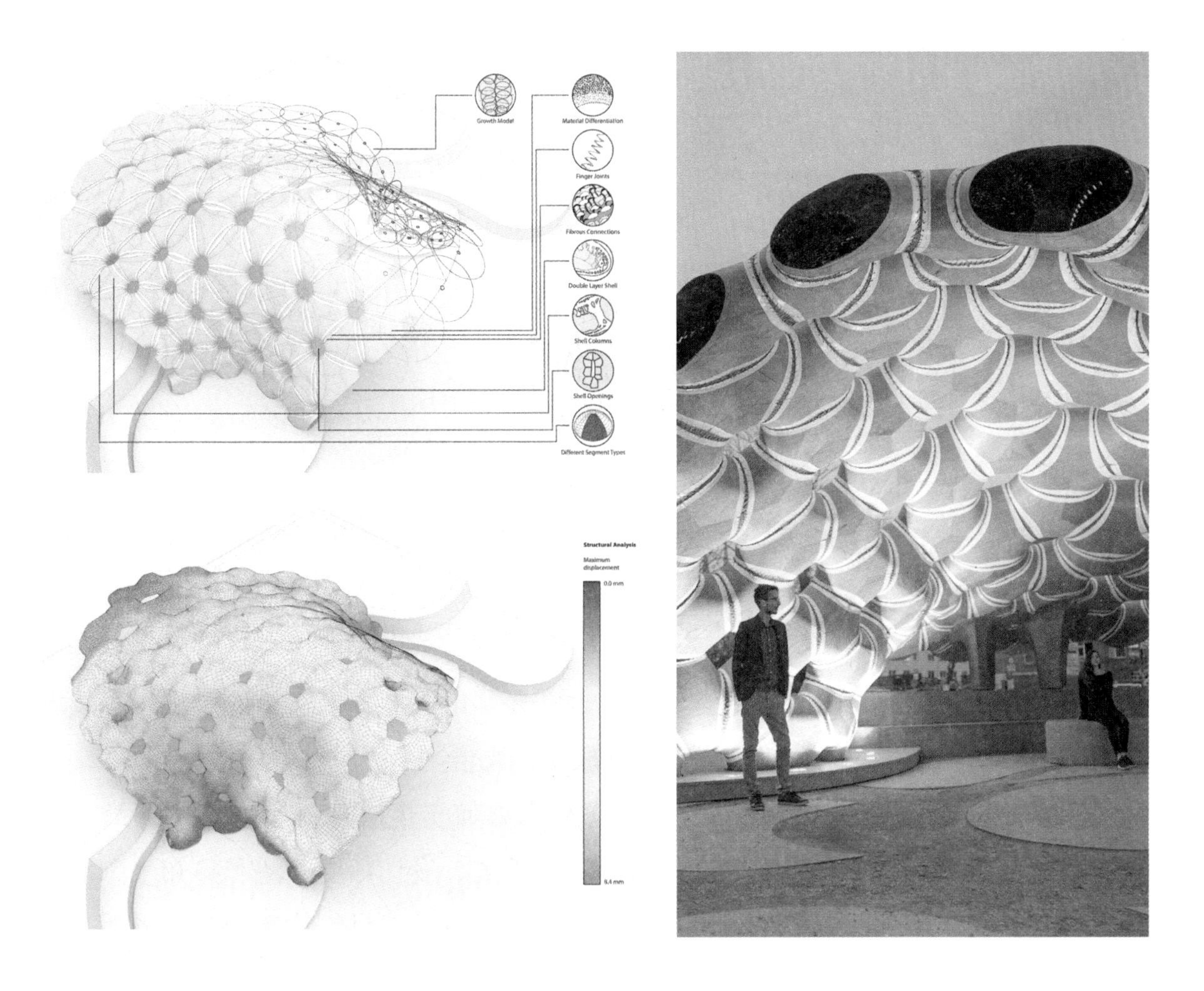

▲ 缝合建筑(纺织技术在建筑尺度上的首次成功尝试)/ICD，ITKE，University of Stuttgart，2015—2016

◎基于形态自生成技术的数字化建构，正是通过分析生物过程和结构规律，以此为设计原型通过数字技术进行模拟与建构。由斯图加特大学的数字化设计学院(ICD)和建筑结构设计学院(ITKE)联合设计，分析研究海胆与沙海胆间的结构，创造出以片状木材为原料，运用自动化纺织技术手段装配而成的实验性蓬状结构。

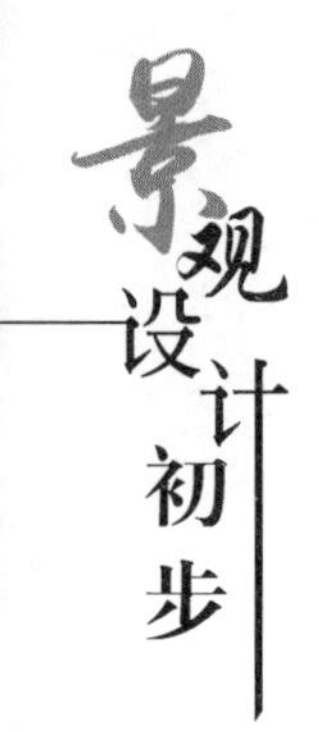

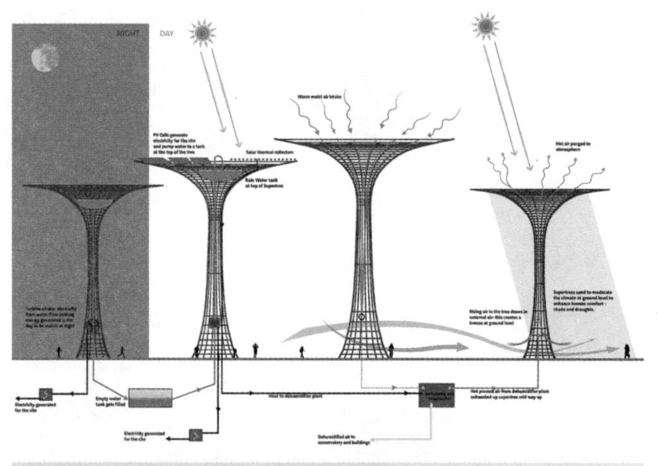

◀ 新加坡海湾Gardens by the Bay/ Grant Associates，Singapore，2012

◎越来越多的数字软件能够根据流体动力学对风、水、热、湿度和污染等进行模拟和建模。尽管BIM（Building Information Modeling）技术在景观设计中存在着一些缺陷，但是在软件技术更新过程中不断改变以往的设计过程并可能提供了新的创造机会。新加坡海湾的巨大树状造型就是使用BIM软件制作的。

——设计建议

设计师不仅要熟知设计形式与语言，也需要了解设计方案实施的景观工程技术与材料、成本，这样才能有效、真实地实现设计构想。

目前，对于实施设计项目而言，生态技术如何实现对现有生态环境的最少干扰，在修复、恢复中保持生态循环的平衡至关重要。设计师要关注和熟知生态型景观水净化技术、屋顶绿化技术、生态浮岛技术、景观生态材料技术的实验，并有效地应用到项目实施中去。

娴熟的设计表达技术既是设计师表达自己想象力和创造力的最便捷的一种方法，也是设计师进行方案设计、展现设计成果、与客户和受众沟通所应掌握的一种基本技能。设计师可以根据设计阶段的特点、需要及个人的设计风格与习惯，选择最优的表达技术展现自己的创意与构思。

随着景观设计各种辅助分析软件的开发，标准化的设计制图、表现、施工可能导致景观设计雷同过多，设计生产批量化，缺乏个性。所以景观设计师要处理好设计创意与设计工具、技术的关系。

以计算机科学为标志的数字化技术给设计领域带来了空前的繁荣，艺术设计迎来了崭新的数字化时代。现代计算机技术不仅给景观设计带来高效的设计便捷，也是可以作为一种设计方法和技巧得到应用和推广。

——观察记录

深入到施工现场进行考察，学习具体的施工技术（放线、土方开挖、砌筑、铺装等）和材料使用（尺寸、拼贴、现场切割等），并对照施工图观察工人现场施工与技术图纸之间的差异，思考这些差异形成的原因，以及如何使方案设计与现场施工达到最大化的统一与协调。

2.10 群体协作

◀ Public Workshop，Magical Bridge Playground，2012

©Magical Bridge 基金会同设计团队、残疾儿童以及他们的家庭成员等对游乐场方案设计进行公开的汇报、评审，相互协作，探索不同观点的优点，避免偏见，平衡各方的利益与目标，实现场地设计能够适应所有儿童和家庭的交流与互动的目标。

1. 专业融合

进入21世纪，以互联网为支撑的信息技术革命的核心就在于科技领域的跨专业融合。科学、技术与社会的相互渗透，使当今时代呈现多样性、多层次性、开放

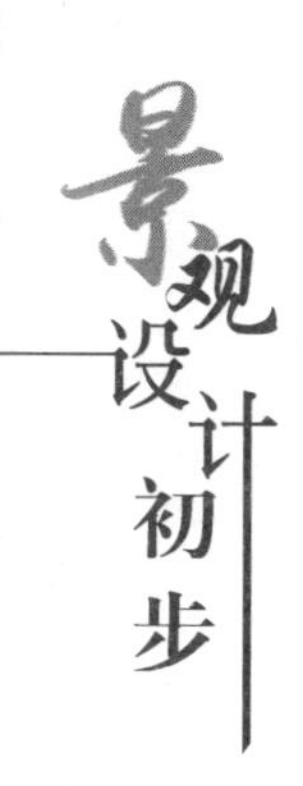

性、非线性、不稳定性和不确定性等特征。这些特征表征下的诸多现实问题都不是任何一门专业或技术所能承担的，而这些问题之间有时又是相互联系着的，从而必须综合多学科、多专业的社会力量开展集成性的解决途径。

2. 团队合作

一群有能力、有信念的人在特定的团队中，为了一个共同的目标相互支持合作奋斗。建立在团队的基础之上，发挥团队精神，互补互助以达到团队最高工作效率的能力。对于团队的成员来说，不仅要有个人能力，更需要有在不同的位置上各尽所能，并有与其他成员协调合作的能力。团队合作的基础是信任，本质是共同奉献，保持尊重、谦虚、宽容的心态。

3. 设计管理

在现代的经济生活中，设计越来越成为一项有目的、有计划，与各学科、各部门相互协作的组织行为。借鉴和利用管理学的理论和方法对一系列设计资源、设计策略与设计活动进行组织、协调和管理，以达成企业的目标和创造出有效的设计或沟通。设计管理的基本出发点是提高开发设计的效率。设计管理的内容包括对设计战略和策略、设计目标、设计程序、设计品质、设计团队、知识产权、创新风险、设计知识等方面的管理。

▶ 给城市加点绿/Adding Green to Urban Design，City of Chicago，2006

◎芝加哥的九个城市部门和相关机构，50名专业的景观设计、规划和景观维护人员分为4个特别小组，结合公众的意见，制定未来发展的战略，开发出21个维持和改善芝加哥城市设计的关键点，使得环境效益最大化优化，造福现在和未来几代人。

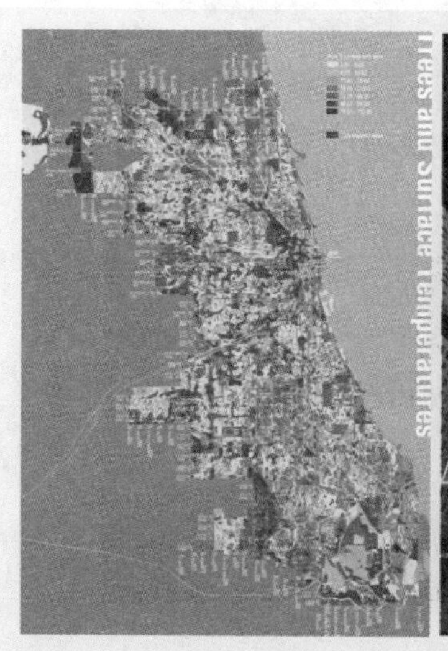

◎左：绿色屋顶有助于提高城市可持续性能，为此召集专家制定经济的、合理的环境可持续发展战略。图中红色和绿色以及地区的相应数据是知晓芝加哥环境挑战位置和相关性的重要工具。

◎右：安装于2000年的市政厅绿色屋顶展现了可持续发展的可能，为这个域立提供了一个温度测量和空气质量测量的研究场所。

Structural Support

Horticultural Support

Canopy
Catenary System
Light Fixture
6 – Inch Pole
Arbor
Granite Wall
Dry Paving

Slot Drain
Perforated Pipe
Structural Soil
Shallow Spread Footing
Suspended Grade Beam
Pile Cap
Drilled Mini-Pile
Existing Urban Fill
Existing Utilities Network
Crushed Stone Reservoir

结构系统与种植系统

鸟瞰，广场上树阵与人行道的整合

弧形的花岗岩坐凳定义了行走路径

▲ 阴影对比：在中环码头广场构建一个可持续的城市林地/Contrasting Shade: Building a Sustainable Urban Grove at Central Wharf Plaza，Reed Hilderbrand，Watertown，MA

◎这个位于大片开阔空间上的小广场被二十六棵高大、不同种类的橡树所覆盖，与旁边几乎没什么树的条形绿地形成鲜明对比。这个高性能的开放示范性城市绿地，由一个致力于支持城市开放空间的私人慈善机构支持，景观设计团队旨在通过设计和建造使该项目的基础设施投资回报最大化，同时投资也决定了树木的品质、密度和大小。

◎在地下部分，植物的根系高度与各种公共设施管线同处一个空间，为此景观设计师与城市设计师、建筑师、土壤工程师、土壤生物学家、树木学家等共同合作，以求树木健康生长并不干扰到公共管线。

——热点关注：跨界设计抑或是不务正业？

所谓“跨界”设计，是对那些打破单一设计行业壁垒，融汇不同专业、学科和社会分工的综合设计行为的统称。探索性是“跨界”的精神特质，综合性是“跨界”设计的主要形式，由此产生的新思想、新风格、新行业、新模式等。

建筑师们有许多世人皆知的著名建筑作品，但设计建筑已经并不能满足他们的设计欲望。许多知名设计师们如今都爱上了跨界设计，设计了餐具、家具、服饰甚至是日常用品，这些作品也能体现出他们在建筑领域的设计理念。当建筑师不再设计庞大的建筑，而设计相对细小的物件时，又会迸发异样的灵感火花。

“美浓烧”是日本最为著名的瓷器，倍受日本和欧美市场青睐。2008年日本岐阜县产业设计中心推出“美浓烧计划”（12 Contemporary Architects Designed 12 Cups & Saucers），邀请12位日本当今最负盛名的建筑师，包括青木淳、矶崎新、伊东丰雄、隈研吾、妹岛和世、高松伸、竹山圣、團纪彦、长谷川逸子、阪茂、叶祥荣、六角鬼丈等人，合作设计、生产了12组造型独特的杯碟作品。这12组白瓷杯碟就像桌上建筑，带你进入白瓷的Cup&Saucer世界，不论是喝茶时独特的使用方法或是前所未见的设计造型，都反映各个建筑家的创新思维，除了颠覆了人们对茶杯茶碟的传统印象，更传达出建筑大师与生活餐具的密切关联。

马岩松设计了一款名为instability的鱼缸。据马岩松自己介绍，他来到街头卖鱼人前，看到小小的脸盆中游着几十条鱼，价格不贵，一两块一只，顿生感慨，城市森林高楼中公寓笼中生活的人们其实和鱼没有什么不同。既然暂时没法给人设计房子，不如先给鱼设计空间，反正从设计思路上也不会相去甚远。多买几条鱼将得到免费赠送的鱼缸，鱼缸呈方形，大概由于容易制作，因而免费。他所做的第一件事是用录像机连续几天拍摄鱼儿游动的情形，然后绘图记录所有鱼儿到过的方鱼缸中的地方，并画上红圈。后来发现有些地方鱼儿从来不去，可想方形鱼缸其实是设计者从容易制作出发做出的主观设计，而不是从鱼儿的角度来进行设计，其实现实生活中这种不考虑用户而设计的例子会有很多。马岩松于是将方鱼缸重新设计，减去了那些鱼儿不去的空间。

慈善机构“蓝十字宠物”2017年举办“伦敦狗屋活动”，倡议为狗狗们设计狗屋。超过80名建筑师、设计师、艺术家的最新实践是设计一个独一无二的狗屋，并将在慈善晚会上拍卖，帮助每年4万多只生病、受伤和无家可归的宠物。

扎哈·哈迪建筑师事务所的这款名为“云”的设计是用CNC研磨胶合板建造的，

整体抬高，以保护狗狗不受寒冷地面的影响。“‘云’为狗屋展览而设计，延续我们的承诺，支持那些在我们的社区里做伟大工作的狗狗。”扎哈·哈迪事务所主持建筑师帕特里克·舒马赫表示。

设计师长谷川逸子的作品

设计师妹岛和世的作品

▲“美浓烧计划”

Cloud – Zaha Hadid Architects.

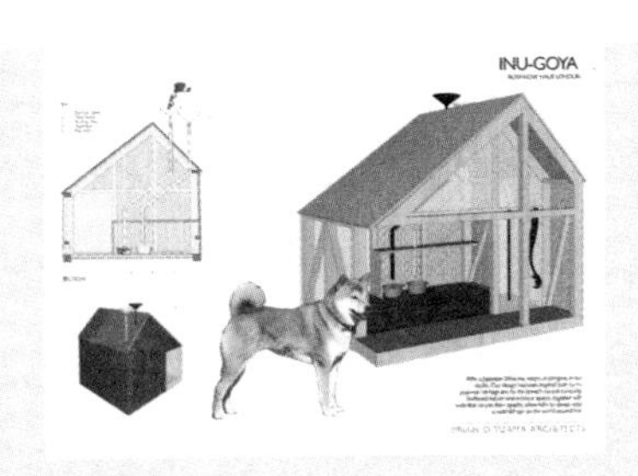

Brian O'Tuama Architects – INU-GOYA

▲“伦敦狗屋活动”

▲曼哈顿BIG U防护性景观规划 / Starr Whitehouse Landscape Architects and Planners

◎针对曼哈顿沿海约16千米的海岸线，包括2.84亿平方英尺建筑面积、2万余家企业，以及纽约证券交易所与金融区这片居住着20万名居民，每年吸引5720万游客的区域囊括在内，景观设计团队联手全球知名的建筑师与工程师，共同将这些多维设计理念扩展成能够提供休闲娱乐的可持续设计。在景观设计师的引导下，公众参与程序的参加者利用模型、地图与三维分析图等事务所常用设计工具定义当地社会经济的目标，表达他们对设计与功能的倾好，并为其所在的社区量身定制景观介入手段以提升空间质量。

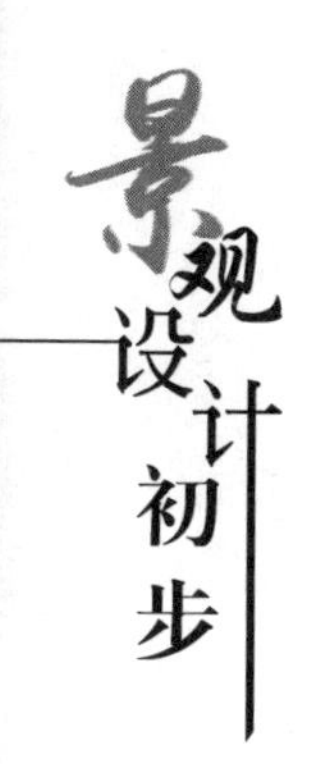

——设计建议

景观设计专业不同于纯艺术类专业，专业性质及社会分工决定了该专业具有很强的社会合作性，需要依托于各个专业共同完成景观作品。无论从工程技术，还是从施工管理的角度分析，各专业的协调和配合是非常重要的，严重关系到所建工程的质量和品质。

就单一景观方案而言，也需要多个景观设计人员相互配合，共同提出一个兼具功能和创意的合理性方案，由主创设计师负责整体定位、主题、功能、创意等大方向的把控，由参与设计师根据方案设计各阶段的具体要求进行深化和创意表达。

设计从构思到方案形成、项目实施的整个过程中，参与其中的不仅仅是设计师，或者说设计不单是设计师的事情，而是涉及公众与政府、集体与个人、监管方与投资方、设计方与施工方等多个群体的利益。由此，从设计师的角度而言，就需要开展广泛的诉求咨询和协作，还需要协调施工方和投资方与设计方的利益平衡，既保持设计方的设计思想独立，又能关切到各方对于设计的预想与需求。

——观察记录

了解一个设计团队中主创、参与设计师的各自分工，以及设计与其他工种配合工作的流程。有机会的话，观察一个设计公司在设计、财务、后勤等方面的企业运作机制。

第3章

设计空间

3.1 设计形式

◀概念性与实体性/周润格（绘制）

◎作为概念性的要素，只有在头脑中被抽象感知到点、线、面和体。虽然这些要素实际上并不存在，但是我们能够感受到它们的真实存在。这些要素在三度空间中变成可见元素时，它们就演变成具有内容、形状、规模、色彩和质感等特性的形式。

3.1.1 基本形式

1. 点

（1）几何特征。

①点是一个零维度对象，是最简单的几何概念。

②空间中的点用于描述给定空间中一个特别的对象。

③一般地，点是在空间中实际存在的，并且只有位置，是没有方向、大小、形状的，即本身无法进行度量。

(2) **形态特征**。

①在设计学中点除了具备位置特征以外，还具备大小、形状、色彩、肌理等造型特征，是视觉感知的最小单位。

②点不一定是物质实体，也可以是空间感受。

③点自身是一个自我独立单元，是具有凝聚焦点的内在力场。

（3）**形态作用**。

作为形式语汇中的基本要素，点可以标识以下内容：一条线的两端，两条线的交点，面或体角部线条的相交处，一个范围的中心等。

（4）**动态特征**。

①当处于环境中心时，这个点是稳定的、静止的，以其自身的凝聚力来组织环绕它的各个要素，并控制它所处的空间领域。

②当这个点从中心偏移的时候，它所处的这个空间内部就会具有潜在动势，并开始争夺在视觉上的控制地位。

③多点和它所处的范围之间，造成了一种视觉上的紧张关系，即因为大小、位置、形状等差异，点之间存在潜在的牵制关系。若处理不当，空间就会呈现破碎感。

④点在不同的尺度层级和体验行进过程中是可以转换的。

▲北京大兴公园1期，2016

◎自由的点：19个正方形白色大理石座椅散落在建筑之下，为公园注入活力，吸引游客到这片软景区域中休憩。

▲Glory Head Office，2016

◎均衡的点：大小不同的圆形由面缩放到点，作为点的小圆同时更换成树池和座椅，在同质中富有形式和肌理的多种变化。

2. 线

（1）几何特征。

①线是点的运动轨迹，点在同方向上延伸就成为一条线。

②从概念上讲，一条线有长度，但没有宽度或深度。

（2）形态特征。

①一条线的特征取决于我们对其长宽比、外轮廓及其连续程度的感知。尽管从理论上讲一条线只有一个量度，但它必须有一定的粗细才能看得见。它之所以被当成一条线，是因为其长度远远超过其宽度。

②线的宽度是相对的，可以转换为面。

③一个点就基本性而言是静止的，而一条线则用来描述一个点的运动轨迹，因此，能够在视觉上表现出方向、运动和生长。可以说，线是点在空间和时间上单一方向的延续。

④点线可以在向量改变的情况下相互转换。点拉长为线，线缩短为点。长点可为线，短线可为点。

（3）形态作用。

线可以用来连接、联系、支撑、包围或贯穿其他视觉要素，也可以描绘面的轮廓，并给面以形状，还可以表达平面的外观，形成特有的肌理。

（4）动态特征。

①线产生于运动之中。运动中既有自身的推力，也有外力的拉动。外力的大小、强弱、轻重、缓急都带来线的差异性。

②如果有同样或类似的要素做简单的重复，并达到足够的连续性，那也可以看成是一条线。这种类型的线具有强烈的质感特征。

③一条线的方向影响着它在空间构成中所发挥的作用。一条垂直线可以表达一种与重力平衡的状态，或者标识出空间中的竖向位置。一条水平线，可以代表稳定性、地平面、地平线或者平衡的人体。偏离水平或垂直的斜线可以看作垂直线正在倾斜或水平线正在升起。斜线都是动态的，是视觉上的活跃因素，因为它处于不平衡状态。

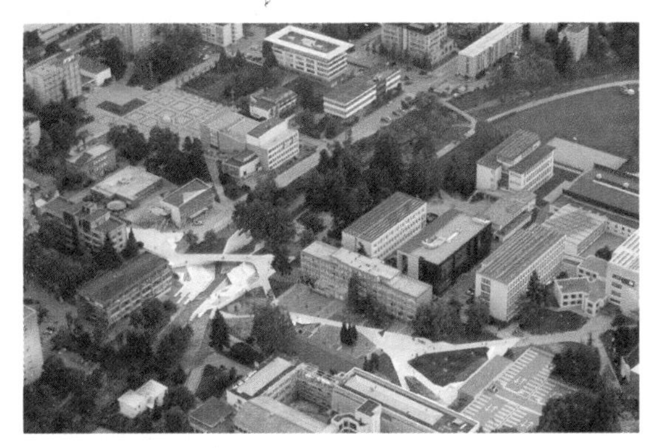

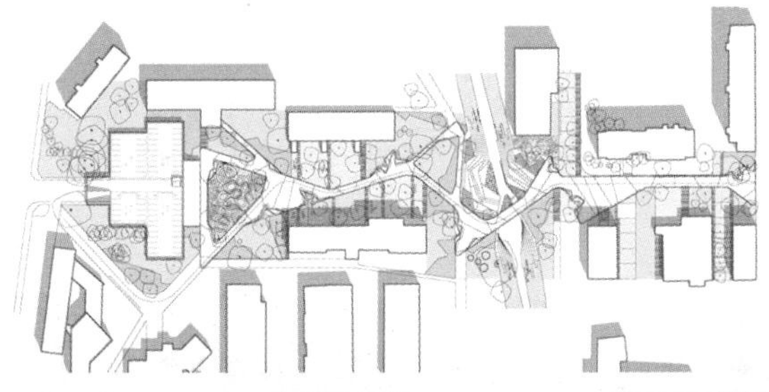

▲ Velenje步行区河边剧场/Velenje City Center Pedestrian Zone，Enota，Slovenia，2015

◎原来宽大但是乏味的城市道路被重新改造。路径变得曲折有趣，有缩有放；利用精美比例的折线混凝土台制造出众多可以休憩与停留的空间。

▲ 奥地利小镇克伦巴赫的巴士站（之一）/ Sou Fujimoto，Architect-Designed Bus Stops，Krumbach，Austria，2014

◎自由而密集的竖线巧妙地建构了空间的界面，同时又合理地隐藏了阶梯的搭建结构。在斑驳的光影中，向上的线条充满了生长的活力。

3.面

（1）几何特征。

①一条线沿着不同于自身的延伸方向展开则变成了一个面。

②从概念上讲，一个面有长度和宽度，但没有厚度。

（2）形态特征。

①一个面的首要识别特征是形状，它决定于形成面之边界的封闭性轮廓线。

②我们对于形状的感知会因为透视错觉而失真，所以只有正对一个面的时候才

能看到面的真实形状。

③面的存在可以是实体的，也可以是虚体。

（3）形态作用。

①在空间构成中，面起着限定容积界限的作用。

②每个面的特征，如尺寸、形状、色彩、质感，还有面与面之间的空间关系，最终决定了这些面限定的形式所具有的视觉特征，以及这些面所围合的空间状态。

（4）动态特征。

两条平行线能够在视觉上确定一个平面。一系列的平行线，通过不断重复就会强化我们对于这些线所确定的平面的感知。

▲ 华盛顿特区史密森尼南广场园区设计/Smithsonian South Mall Campus In D.c，BIG，Washington D.C，USA，2014

◎园区像是一块被掀开的花园“地毯”。翘起的平面下部既作为了地下空间的入口使用，很好地组织参观游览人群，又增加了游览园区视角下的立体变化，在视觉上创造不同凡响的游览体验。

▲日本奈良县天理车站广场，2014

◎同样的圆形平面却在不同的高程上形成了凹凸的空间造型，象征着四周被山包围的奈良盆地，在不同的形态中创造了丰富的游玩体验，恰当地融入了当地的日常生活。

4.体

（1）几何特征。

①一个面沿着非自身方向延伸就变成体。

②从概念上讲，一个体具有三个量度：长度、宽度和深度。

（2）形态特征。

形式是体所具有的基本的、可以识别的特征。它是由面的形状和面之间的相互关系所决定的，这些面表示出体的界限。

（3）形态作用。

①所有的体可以被分析和理解为由以下部分所组成：点或顶点，几个面在此相交；线或边界，两个面在此相交；面或表面，限定体的界限。

②作为空间设计语汇中的三维要素，体既可以是实体，即用体量替代空间；也可以是虚体，即由面所包容或围合的空间。

（3）动态特征。

体的变异，借助点线面来实现，景观中的体多是虚体，实体存在以各种构筑物为主。

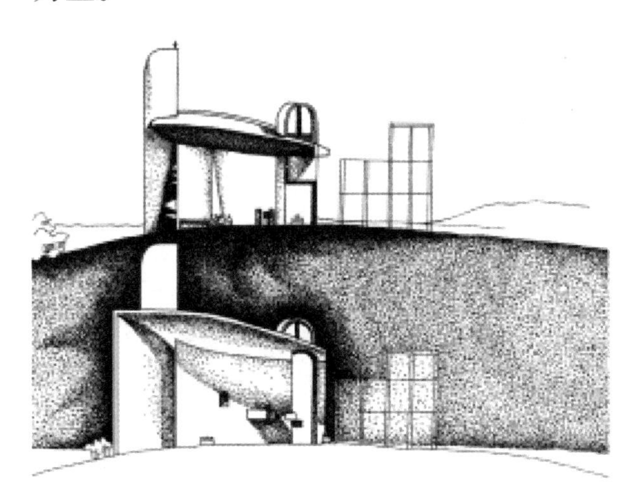

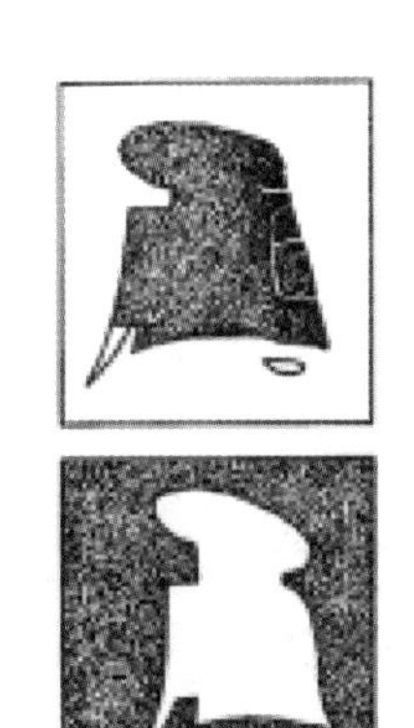

▲ 景观体的虚实关系：朗香教堂/Le Corbusier，La Chapelle de Ronchamp，France，1955

◀ 波兰城市广场家具设计/Atelier Starzak Strebicki，Courtyard City Hall，Poznań，Poland，2016

◎景观中的形体必须与人的尺度相一致。座椅设在广场中可以自由排列，为空间带来活力，而人们可以舒适地使用不同座椅。

▶ 法国杜伊勒里宫花园中的绿色植物装置/Sou fujimoto，the FIAC Art Fair in Paris，2014

◎大小不同的铝质方块巧妙地堆叠，在阳光和阴影的作用下出现不可思议的悬浮效果。统一的形体、随机的大小与叠加模糊了内外空间围合，会激发人们探索内部和边界的兴趣。

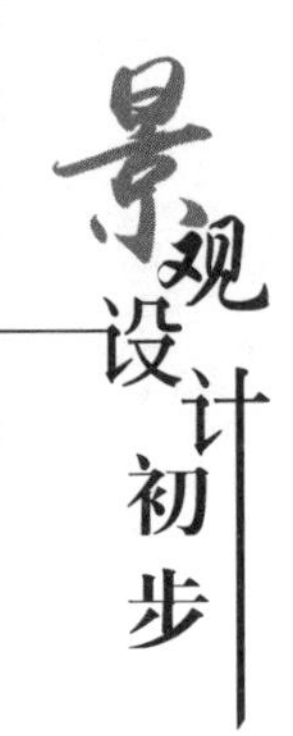

3.1.2 空间形式

形式体现的是点线面体的相互组合关系。分析某个空间的时候，习惯性拆分成点线面体的各自具体特征进行描述。实际空间中的点线面都是体，只是参照物不同造成体量上的描述差异。大多数情况下，景观空间不似建筑空间那样有清晰的实体存在，也不似室内空间那样是封闭的被围合状态，而是一种开敞性强、流通性强、渗透性强的存在。

1.基本形状

①三角形，形态上具有三个基本方向，审美上表现出个性、锋芒、张力大的特征。

②圆形，形态上具有均衡的内部张力，无方向，审美上表现出安全、排外、包容、孕育、聚集的特征。

③矩形，形态上具有水平与垂直向的内部张力，十字向轴线明确，审美上表现出活力、权力制衡，正方形具有相同的十字向均衡特征。

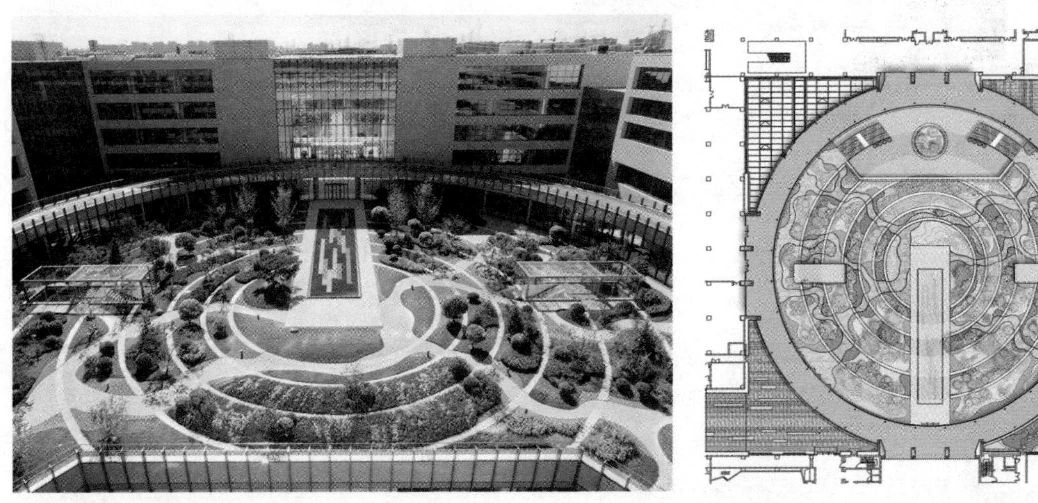

▲ 泰康商学院中心庭院，房木生景观/Farmerson Architects，Taikang Business School，Beijing，2016

◎平面构成式的设计综合了同心圆环路径、长方形水池、自由曲线形绿化池与铺装等。简单的形状因为空间细微高程、元素组合、肌理呼应使得空间层次变得丰富，充满对生命尊重与思考。

2.基本形体

①球体，半圆绕直径旋转而成。稳定状态取决于基面的稳定（水平）与否。在设计中，一般对球体进行削减，只取球体的部分形体，以求稳定。

②圆柱，矩形绕其中一个边进行旋转而成。稳定状态取决于圆形面是否是水平面。在设计中，轴向变化带来环绕的视觉感受。

③圆锥，直角三角形以其中一个直角边旋转而成。稳定状态取决于轴向重力的垂直与否。在设计中，锥尖引导视线的焦点。

④棱锥，具有多边形底面和三角形表面。这些三角形表面共享一个顶点。稳定状态取决于底面或表面是否水平。在设计中，丰富每个表面的肌理感，以求在各个方向的个性特征。

⑤长方体，矩形沿其外部垂直线运动而成。互相平行的棱长度相等，相对的面相等。稳定状态取决于表面是否与地面平行或重合。静止状态非常稳定，立角或者立边时不稳定。正方体的所有棱长相等，所有面也相等。形态上具有非常强的稳定性。在设计中，一般强调棱的实体作用，虚化面的封闭存在。

这类形体在设计中很少以完整形态出现，因为这些人工形体个性很强，识别性也高，且与周边环境在尺度处理不当时更加显得不易融合，突兀感强。处理这种情况时，通常削弱局部形态以求物理特性的稳定，达到心理感知上的完整和趣味。

▲法国拉·维莱特公园的红色构筑物/Parc de la Villette，Bernard Tschumi，Paris，French，1987

◎极具构成感的红色形体在公园中异常显眼，充当了公园网络架构的节点，同时又适当地植入休闲功能，让构筑物满足了视觉欣赏和功能使用的需求。

◀ 景观中形体的实虚与模块："千院"之馆——2019北京世界园艺博览会植物馆概念方案，槃达建筑设计，2016

◎模块化的构件组合成连续的屋顶"城市花园"。建筑模块和庭院采用棋盘式布局，虚实交替出现，实现了建筑和庭院的共生。这种融合共生鼓励着游人自己去发现每个有趣的角落，避免了俗套的展览馆式的既定路线。

3.自然形体

（1）特征。

自然形体是自然法则下形成的各种可视化、可触摸的形态，不以人的意志而改变。可分为生物形态和非生物生态，都是具象的而非人为抽象的形体。

自然形体具有与生俱来的亲切感，也是活泼、生动的体现。

地球表面特征的多样性，形成因素也是千变万化的，由此自然形体具有强大的差异性和独一无二性。

（2）仿生形态。

以自然界的形、色、音、功能、结构等为原型，为设计提供新的思想、原理、方法和途径。

仿形态：在对自然生物体，包括动物、植物、微生物、人类等所具有的典型外部形态的认知基础上，寻求对形态的再利用与拓展，强调对生物外部形态美感特征与人类审美需求的表现。

仿肌理与质感：自然生物体的表面肌理与质感，不仅仅是一种触觉或视觉的表象，更代表某种内在功能的需要，具有深层次的生命意义。

仿结构：生物结构是自然选择与进化的重要内容，是决定生命形式与种类的因素，具有稳定的生命特征与意义。

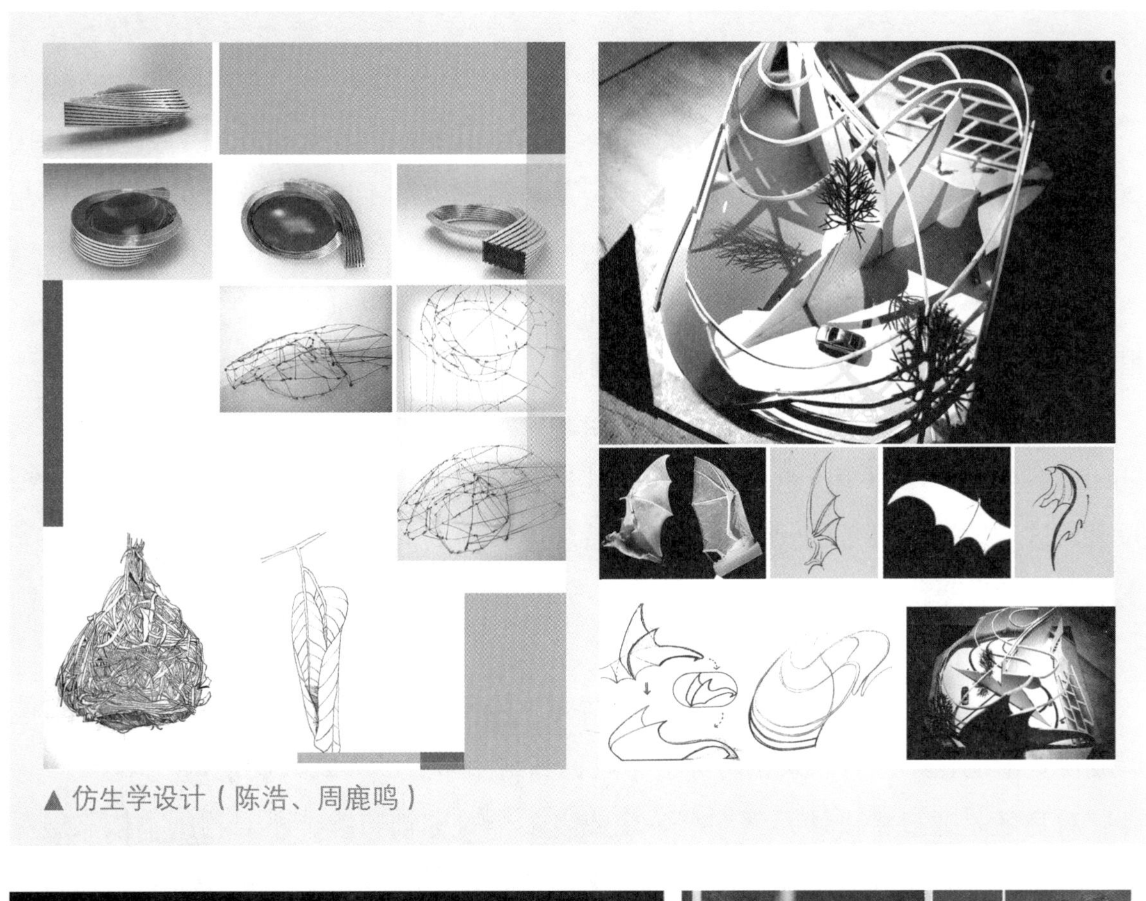

▲ 仿生学设计（陈浩、周鹿鸣）

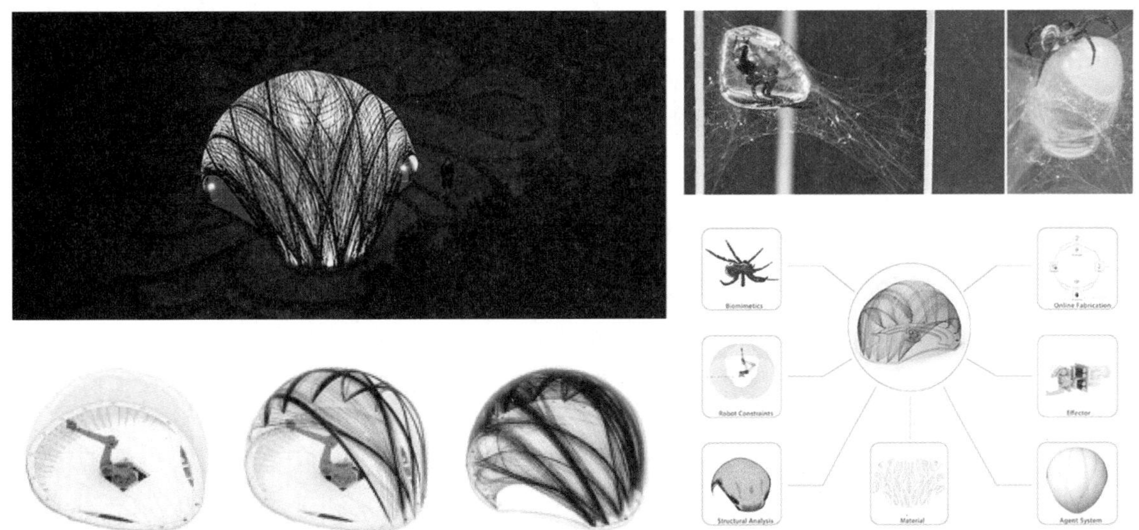

▲ ICD/ITKE亭/University of Stuttgart，The ICD-ITKE Research Pavilion Germany，2014—2015

◎其灵感来自于生活在水下，并居住在水泡中的水蜘蛛的建巢方式。整个亭子是在一层柔软的薄膜内部，用机器人织成可以增强结构的碳纤维而形成的轻型纤维复合材料外壳构筑物，同时这种建造方式使用最少的材料便实现了结构稳定性。

3.1.3 形态组织

1.组织原则

组织原则有助于空间形式在视觉和美学方面的组织优化，适用于空间造型构成、元素布局构成、材料形态构成等。但是，组织原则不能保证设计的绝对完整与成功，因为一个成功的设计还取决于其他许多因素。组织原则特别适合初学者。当然，对于一个经验丰富的设计师，组织原则已经渗透到思维过程中。只是必要时，根据组织原则对已成形的空间形态进行调整。

组织原则被广泛适用在设计领域和绘画领域。其中，秩序、统一和韵律是景观设计最主要的三个原则。这些组织原则其实创造的是一种均衡感。设计中的每一个元素与区域都要与其他的元素和区域保持动态平衡。同时，设计师要考虑用什么元素来表达这种平衡。这些元素包含功能、材料和设计。

（1）秩序。

秩序意味着设计的整体框架和视觉结构。造型、元素、材料上的形式和谐才能形成视觉上的秩序，可以采用对称、不对称和组团布置的方式来实现。

对称就是通过将设计元素围绕一个或者多个对称轴布置，不对称则不依靠绝对的对称轴。对称容易产生庄重的空间氛围，往往在对称轴末端设置一个对景来强化空间结构；不对称则更多依赖的是人的感知，容易营造活泼、休闲的氛围。而组团布置是将成组的设计元素设置在一起，这些元素往往是相似的。

（2）统一。

统一强调的是每一种形式与元素都要与其他形式和元素在大小、形状、颜色和肌理等方面于整体空间中保持相同或者相似，让人觉得整个设计浑然一体。

统一原则可以细分为主体突出、适度重复、加强联系三个小原则，并且这三个小原则都要彼此协调。主体突出可以将一个或者一组元素的大小、形状、颜色或肌理进行夸张，以便创造视觉和空间焦点；适度重复要求设计形式要素采用近似或者相同的特征，并且避免全部或者大量的绝对相同特征；加强联系要求形式元素在边界上取得联系，往往可以通过加入一个新的元素以联系每个独立的部分，以免各个形式元素过于独立导致空间零散。

（3）韵律。

韵律其实更讲究的是形式元素之间的时间和运动关系，如同音乐一样具有形式和体验上的节奏感。

韵律可以通过重复、交替、倒置和渐变来实现。重复要求反复使用同一元素创造显而易见的秩序，并且为了良好的节奏感需要把握好元素之间的间隔构成；交替是指在重复间隔上更换为另外一种相似元素，这样空间韵律更具变化和趣味；倒置是在重复序列中更换成与前后元素完全不同的元素，这种变化容易造成戏剧性的变化而极具吸引力；渐变是将重复序列中元素在某一个特征上进行逐渐的改变，使得形态变得富有视觉引导。

▲北京昌平北七家科技商业区景观，2016

◎众多线性的景观元素以铺地、植被形态、街道家具、照明形式与入口构筑物等不同的形态方式呈现，加之统一的设计手法营造出多样化的功能与空间，设计感十足而不失功能考虑。

▲日本帝京平成大学中野校区，2016

◎黑色、白色花岗岩石材和木质板材这三种材料组成的独立方形区域，设置高低各不相同的若干基石，空间灵活，适合个人独处，也适用于举行聚会。

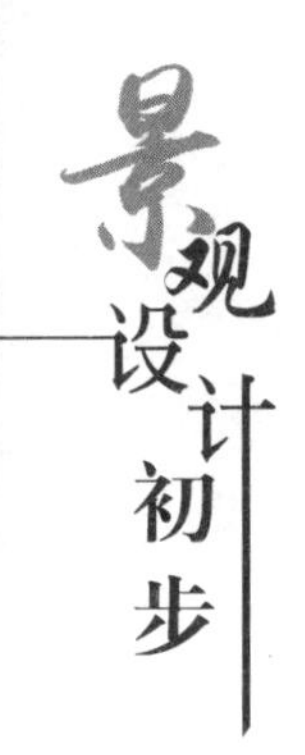

2.基本关系

在实际空间设计中，空间形态是复杂的，一般由多个形体组合而成。这些形体之间可以是包含、穿插、邻近、连接的基本空间关系。

（1）包含。

包含是指一个空间可以包含在一个较大空间的容积中。空间之间的界面可以保持独立的差距，或者在较大空间内部界面重合。两个空间在体量上的差异性越大，包含关系越明显。较小空间与较大空间在形态上可以具有一定的相似性，也可以是完全不同的形态。

（2）穿插。

穿插是指一个空间的部分区域可以和另外一个空间的部分区域重叠。空间界面可以局部重叠，位置关系取决于空间的轴线方向。重叠部分可以划给其中一个空间以保持其完整性，也可以独立于两个空间之间。

（3）邻近。

邻近是指两个空间可以相互比邻或共享一个公共空间。空间界面相互独立，距离越远，空间组合关系越弱。共享空间往往具有两个空间的类似特征。

（4）连接。

连接是指两个空间依靠另外一个中介空间建立联系。中介空间往往与两个空间在体量和形态上差异性较大，但是可以提供某一固定的运动轨迹或者焦点连线。中介空间可以完全独立于两个空间，也可以与它们进行穿插。

◀ 费城海军造船厂旧址圆形中央公园，2015

◎一连串绿色的圆形体现了几百年前该地以种植和口袋沼泽为主的特色。圆形的公园看似是一个整体，实际上包含了多个独立的创意空间，其中包括健身站、露天剧场“阳光草坪”、吊床林、球场、乒乓球桌、公共工作台、雨水收集装置。

▶ 北京昌平北七家科技商业区景观，2016

◎中央开放绿化区被南北两侧的绿化池和休闲长凳所夹，之间的边缘并非直接分割，而是呈现长短不一的绿化区，并且绿化池的形体尺度比长凳大。两者采用同一手法深入，但是细节又有差别，趣味和观感都是十分动感的。

▶ SCG曼谷总部办公景观，2017

◎设计采用平滑的曲线来平衡和协调现有建筑和位于不同场地标高树木之间的关系，让建筑和各种场地元素得到合理的安排和利用，弯曲的肌理彰显自然和人工结构的有机融合。

▶ 丹麦哥本哈根超级线性公园，2012

◎曼妙的白色线条很好地包围和连接各个节点空间，成为节点之外极具动感的视觉符号。白线都从北到南笔直前行，有疏有密，更加地突出了静态节点和动态流线的节奏。

3.组合关系

（1）线型组合。

线型组合的多个子空间既可逐个连接，也可由一个单独的外部线型空间来联系。

形态构成：子空间的尺寸、大小、功能、形状都相当，组成重复的节奏；依靠

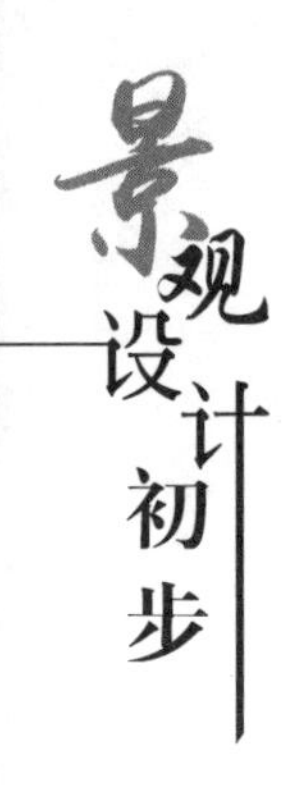

独立的线型空间来组织，出现骨架式、树枝状的形态，方向上较为单一。

形态特征：子空间重复得以加强方向上的维度。

空间关系：序列空间之间的地位是并列或者简单分级；通过轴线来串联子空间；序列关系依据尺寸、形式或者功能的差异性来设置。

差异性：序列空间的形状、功能、位置不同，远近高差也不同，但地位是相当的，以控制节奏；串联空间的轴线方向不同；节点空间上存在差异；序列空间与串联轴线的远近也不同。

（2）**集中组合**。

集中组合是一种稳定的向心式构图。它由一定数量的次要空间围绕一个大的占主导地位的中心空间构成。

形态构成：由主导性的主体空间和从属地位的次要空间组成，主体与次要空间在大小、数量、形状、位置上是具有差异的。

形态特征：集中组合是一个内向的图案，即内向聚焦于中央空间，具有稳定、向心、内向的特征；形态的几何特征明显。

空间关系：主体空间处于中心地位，尺寸大，数量少；次要空间处于外围地位，尺寸小，数量多且地位相当。主体空间一般是规则的形式，并且尺寸要足够大，以使许多次要空间集结在其周边。

差异性：使用场地的环境条件决定了主要空间的具体位置（居中、靠边）；次要空间的大小形状各异，但是地位、作用相当；主次空间的连接通道长短、大小各异，一般较为紧凑（放射、环状、螺旋状）。

▲武汉樱花游园景观设计，UAO瑞拓设计，2017

◎改造后的儿童游玩节点空间被组织在一个自由的曲线通道上。轻松的路径、有趣的节点，为小游园提供了趣味性，鼓励儿童去探知和发现。

▲毕尔巴鄂Indautxu Square改造/Indautxu Square / JAAM sociedad de arquitectura，2013

◎中心为直径40米的一圈半透明的玻璃廊架，圈外的广场空间上向内点缀着大小不一的圆形花园和以此向外降低高度的灯具。

（3）**放射组合**。

放射组合综合了集中与线型组合的特征。

形态构成：包含起主导或串联作用的中心空间和处于次级地位的放射端空间，以及起到转折、串联适应场地特定条件的放射轴线。

形态特征：放射式的组合是外向型平面，向外伸展到其环境中，具有外向、离心的特征，呈现辐射状形态组合。

空间关系：中心空间形态规则，数量少；放射端空间数量多，布局灵活，空间地位相当，依据功能主次和等级关系由放射轴线进行分化、分级；放射轴线有长短、曲折、虚实之分。这种布局形成一个充满动感的图案，具有围绕中心空间旋转运动的视觉倾向。

差异性：根据场地条件、功能布局的要求，中心空间和放射端空间在位置、体量、形状、远近、方向上存在着差异；放射线的方向性不同；以中心空间为核心的放射轴线可能在形式和长度上彼此相近，并保持着这类组合总体形式的规整性。

（4）**组团组合**。

组团组合通过紧密连接，各个空间之间得以互相联系，或者用诸如对称、轴线等秩序化手段来建立联系。

形态构成：空间之间的形态重复、功能类似，并无明显的主次关系；依靠轴线进行连接；边界处理灵活多变。

形态特征：空间具有类似的功能并在形状和朝向方面具有共同的视觉特征；轴线和边界灵活多变，几何特征不明显，可随时增加和变换。

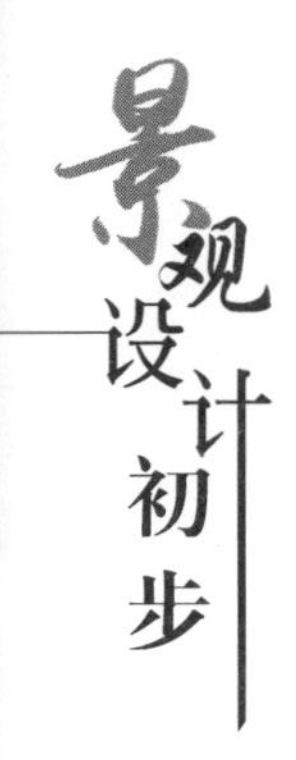

空间关系：节点空间往往在体量、形态上与其他空间不同，以此来提示空间的转换与连接。

差异性：组织轴线可以是多层级的，边界处理可以是规则或不规则的。

（5）**网格组合**。

网格来自于两套平行线相交，这两套平行线通常是垂直的，在它们的交点处形成了一个由点构成的图案。空间位置和相互关系受控于一个三维网格图案或网格区域。

形态构成：由两套平行线来组织关系的网络骨架和骨架节点空间。

形态特征：空间的位置、体量都受网络骨架的控制，在内部联系上呈现模数化的连续性特征。

空间关系：网络骨架提供了空间之间的连接方式，空间依附网络骨架而存在。

差异性：骨架的形式、层级、完整与否直接影响着空间布局，空间的形状、位置与图底关系和潜在的网格模数相关。

◀ 荷兰北部Dwaalster艺术公园/Dwaalster Park Vijversburg，LOLA，Netherlands，2011

◎“星迷宫”是将星形的森林和迷宫混合起来，放射的平台与周围的景观紧密相连，方向感强烈的组织为游客提供了自由的游览方式。

◀ 纽约长岛南滨公园，2013

◎设计创建一系列的平行生态走廊，新的线性生态走廊与水岸线平行，连接了主要的管理区以及公园内的景点，创造了多样性的步道系统。

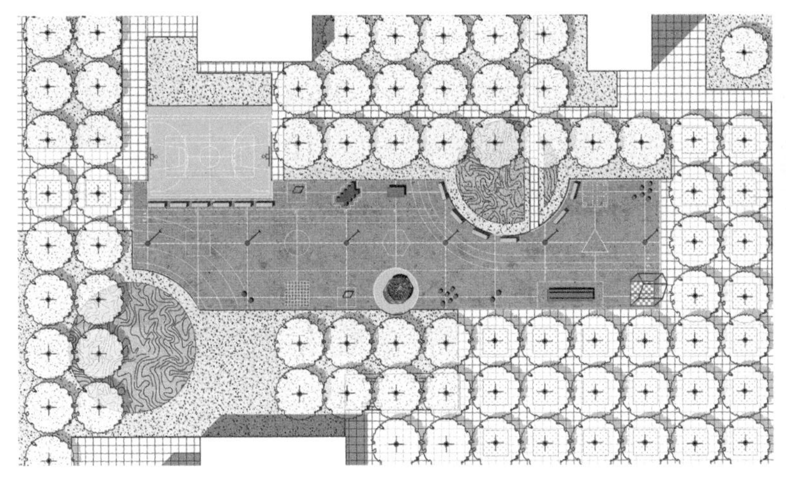

▲阿姆斯特丹的网格游乐场，2017

◎沥青广场的形态基于原始的邻里网格，设计师用白色的标记线在空间内将这些网格变成了可视化的真实存在。在这些节点上放置了不同的游乐设施。

——设计专题：形式构成

形式构成是将主题与功能转化为具体形式，并建立起形式之间视觉联系的过程。形式构成是设计过程中的重要一步，因为这直接关系着整个空间的视觉美观，也是客户快速、主观地认可设计的关键。这个过程大致分为形式生成、形式研究、形式筛选三个过程。

形式生成可能会受到以下因素的影响：功能需求与布置、风格样式（现代式、古典式、中式、欧式等）、空间氛围（轻松、正式、严肃等）、基地特征（地形高程、原有构筑物和植物等）、周边建筑风格等。其中，就一般而言，功能需求是非常重要的，可以通过功能图解来建立一个三维思考下的平面布局框架，是具体空间形式调整、深入的依据。

功能图解是综合了设计需求中各要素与基地条件关系的设计草图，多用气泡式图形和指向性符号来表示。功能图解为设计师奠定了一个功能基础，以此进行宏观思考，以便探索出多个可能性方案。功能图解的内容包括了尺寸、位置、比例、轮廓、布局、边界、流线、视线、聚焦点、竖向变化等。而在形式构成阶段，形式生成的目的就是要将概括、粗略的图解轮廓具体化、清晰化。

接下来，设计师将设计主题创意和图解结合起来，研究各种可能性的形式组合方案。在这个过程中，形式组合不必与图解中的泡泡边界一一对应。因为图解只是一个宏观的大致方向。因此，设计师可以选择几个形式主题进行形式创意。常用形式主题的有圆形、曲线型、矩形、斜形、圆弧、角形等。值得注意的是，形式探索过程中可能出现一个比原来功能图解更好的新布局。这时需要设计师回到功能图解阶段加以改进，而后再到形式构成过程中继续深化。

最后，对设定的多个形式主题进行筛选，确定1~2个最佳形式方案。最佳形式构成应该符合四个基本要求：一是形式符合美观要求；二是形式符合设计创意；三是形式符合功能需求；四是形式具有较为优越条件以便进行下一步设计元素的布置与深化。

形式构成与功能需求、设计元素布置之间是一个反复推敲的关系，因此形式构成不会只有一种结果，也不会一蹴而就。设计师要用发散性思维，拉开各种形式主题方案之间的差距，以筛选出最优方案。

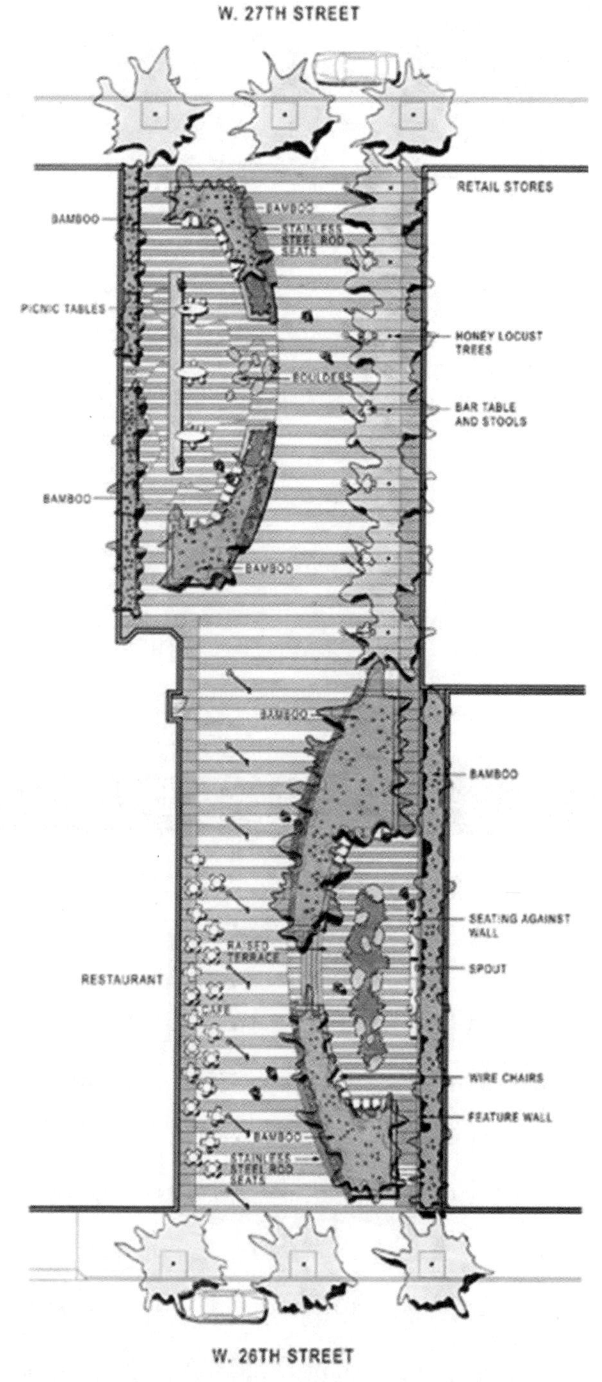

▲ 弧线与长方形：美国纽约国会大厦广场平面图

▲ 形式构成流程图

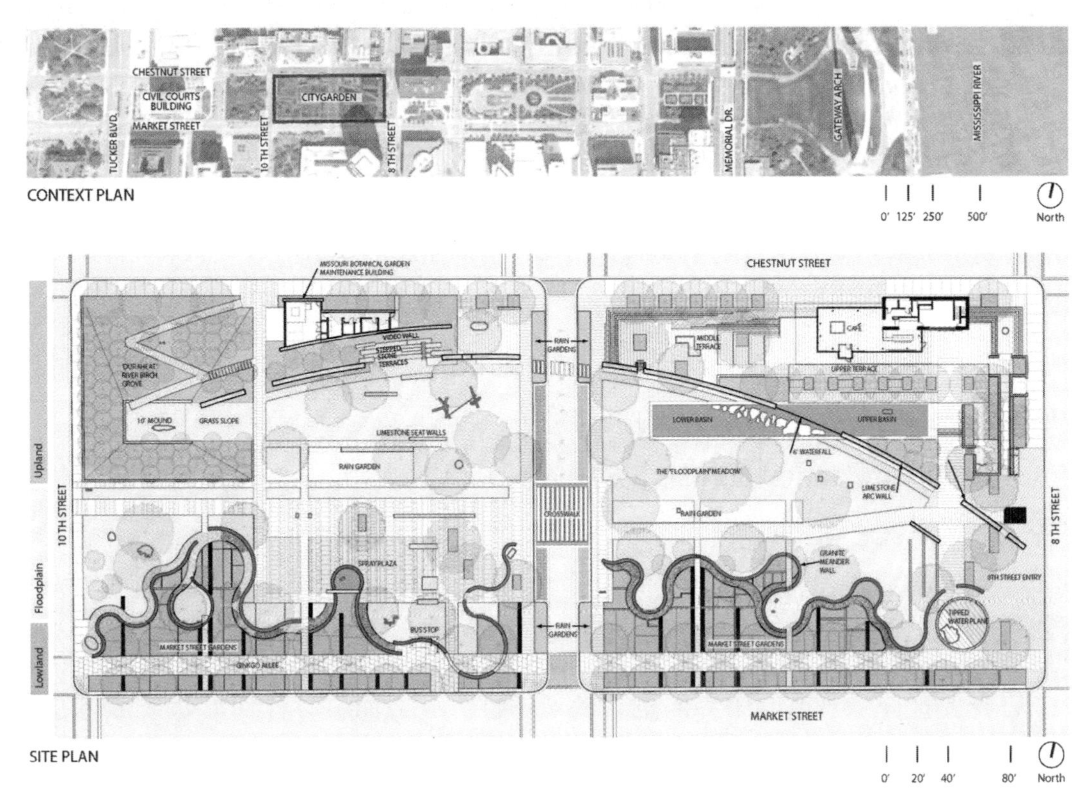

The plan for Citygarden is organized into three bands - lowland (cultivated), floodplain, and upland - separated by two walls.
Designed elements represent abstractions of the regional river landscape.

▲弧线的简与复：美国圣路易城市花园

▲折线与场地：美国西雅图奥林匹克雕塑公园

1.基本形式

①点线面体是为了方便设计构思的视觉化分析而采用的抽象语言。但在具体的设计过程中，基本形式需要转变为设计元素构成，并在不同的设计要素作用下形成景观特征。

②点线面体在尺度变化和思考层次上是可以进行互相转换的。这就需要设计师在宏观层面来统筹把握各种形式语言的组合关系。

③设计时有必要将点线面体的组合视为一个动态过程，从空间动态体验的角度来加强各个形式语言之间的联系。

2.空间形式

①首先要把握景观空间中界面围合的通透性。一般而言，任何形状或形体在景观空间中都不是以完整形态呈现的。

②基本形状具有明显的几何特征，在空间中充当着不同的形式角色，有着不同的心理特征。

③基本形状的方向特征在景观空间中作用重大。方向性指明了景观体验的线索。因此，形状组合与空间体验的结合程度尤为重要。

④基本形状转换为景观要素之后，设计往往强调的是边界的处理，而虚化面的围合特性。

⑤自然形式的使用会使空间极具吸引力，也容易拉近环境与人的亲近感。

3.形式组织

①景观空间形式是多样的，相互之间的组合关系能让形式语言充分表现出各自的特点。

②加强空间联系的常用方法就是增加一个过渡形式。

③轴线处理可以用来加强尺度较大的空间联系。

④不管哪种组织关系，都必须考虑基地条件，如地形变化、功能需求和尺度变化等，因地制宜，避免一味地追求形式美感而忽视空间使用功能。

⑤形式构成不完全以审美原则为依据，因为景观空间还受到功能需求、风格造型和周边环境特征的影响。

——观察记录

①收集景观平面图，用点线面体的形式语言勾勒出平面的空间组合关系，思考这些形式与功能布局、体验线索之间的关联。

②在这些平面图的局部中，观察基本形式如何进行具体的协调。重点解决哪些形式是完整的，哪些形式是被分割的，哪些形式又是如何与其他之间连贯呼应的，以及这些处理方式是基于何种原因和诉求等问题。

3.2 设计元素

3.2.1 地形

1.概念

地形是指在地球地表三维空间中地势高低起伏的变化，即地表的形态。景观中的地形既涉及了高原、山地、平原、丘陵、盆地五大基本地形（地貌形态），也包括具有自然和艺术景观特征的土丘、台地、斜坡、平地等微地形。地形地貌是景观设计最基本的场地载体和创造基础，是空间视觉引导、功能布局、运动体验最重要的影响因素之一。

2.作用

划分空间：地势起伏本身形成生动、开放的空间围合感。同时在尺度上可以根据现场条件和景观主题的功能要求，以及地形剖面轮廓（底面范围、斜坡坡度、轮廓形态）形成大小不同的体量。

控制视线：在不同的地形节点及其之间的运行过程中，形成在视觉上连续与阻断的开合节奏、观景速度的快慢、视野扩大或收缩的变化，有意识地安排视线与节点之间的联系。

美学含义：根据空间构图关系，利用地形的可塑性来形成可供人们形成审美意向上的地形空间认知。

工程作用：改善局部小气候、利用地形排水，营造舒适、安全的空间等。

3.类型

（1）平坦地形。

在实际环境中，平坦是相对的，包括了微小的、不易察觉的坡度和起伏形态。平坦地形是最简明、最稳定的形态，易让人产生舒适和踏实的感觉，是承载人们站立、聚会或坐卧休息等功能的理想场地。

（2）凸地形。

大尺度上包括山丘、丘陵、山峦、山峰等，在小尺度上表现为局部地形与周边地形在高差上存在着明显变化，往往成为所在区域的地形制高点。

凸地形可形成空间边界，因为其坡面和顶部限制了空间，控制视线出入。凸地形也可提供外向性视野，即其顶部具有更加宽广的视野。

（3）凹地形。

凹地形生成方式包括两种：一是在平坦地形上将某区域的土地进行挖掘、挪走而形成的碗状空间；二是由相邻的凸地形在底部相连时形成的相夹空间。凹地形空间识别性强弱取决于边缘地形的坡度和高差，以及底部空间的宽度。

凹地形具有视觉和心理上的内向性，不易受外部干扰，形成相对封闭、私密程度高的感受，人的注意力也容易集中在中心或底部空间。

◀ 墨尔本菲利普港Elwood海滩景观设计/Elwood Foreshore，ASPECT Studios，Australia，2010

◎设置了一系列平行的景观元素，与海平面水平一致，和谐交融。所有的设施和小品都非常的现代简洁，并采取低矮横向的造型，让人们可以一览无余地欣赏到壮丽的海景。

▶ 慕尼黑园博会游乐场景观设计，2005

◎营造出众多适应儿童尺度的微地形，起伏多样，蜿蜒的彩色道路、鲜艳的洼地场地，创造出活泼生动的游戏场地。

▶ 广东泰康拓荒牛纪念园，SED新西林，2017

◎山形坡地采用折线折角的设计形式表达出刚毅的力量感。项目最大的挑战就是坡度复杂的山地地形，山脊排水方式过于单一，设计师在每级台阶内设置种植区域，有效地舒缓降雨带来的排水压力。

▶ 比利时be-MINE游乐场，2015

◎工业矿区考古遗址中60米高的碎石山被赋予新的功能，极富可玩性的特征也考虑到了孩子作为小尺度使用者的体验。外围木杆拔地而起，如同茂密森林一般；在内凹凸起伏的地平面创造出乐趣十足的游戏场地。

3.2.2 道路

1.概念

道路是景观体验中运动轨迹的体现，在景观空间格局中起到空间节点连接的作用。

2.作用

交通组织：道路的基本作用是满足交通通行。根据不同的交通方式，如车行、步行等不同，道路的尺度大小、构成内容和铺装形式等都不尽相同。

观景引导：景观道路可以形成游览路线和景观组织网络，引导人们按照预设的景观意图、角度来体验景观空间，并有效地形成连续性和完整性的景观印象。

3.类型

根据主次景点、人流密度、人车关系来设置路网系统。根据不同的道路级别确定通行作用和游览性的关系。主要道路以通行作用为主，兼顾游览性；次要道路和末级道路则以游览性为主，增强景观的体验层次。

主要道路：联系全区，起到通行、生产、救护、消防、游览的作用。

次要道路：沟通景点，一般通行轻型车和人力车。

末级道路：游览路线，一般步行为主，形态丰富。

表3-1 道路分级与作用

级别	名称	景观作用	宽度	空间形态	人车关系
一级道路	主要干道	通行：连接主要景点	7~8米	尺寸大，宽敞，直达性好	人车分流，可通车，兼顾生产、救护、消防通道；人流密度最大
二级道路	次要道路	游览：组团道路和连接次要景点	3~4米	尺寸适中，起到衔接作用	人车分流，根据功能以人或车其一为主，车以轻型车和人力车为主；人流密度较大
三级道路	末级道路	游览：连接次要景点	单人0.6~1米、双人1.2~1.5米	尺寸小，亲近景观，曲折，自由，灵活	人行；人流密度小

▲沈阳浑南新区轴线景观规划设计，2014

◎对于一些尺度较大的空间来说，宽阔的通道是必要的，特别是位于轴线上的道路，这样才能突出中轴关系，突出对景，营造出磅礴与大气的环境特征。

▲ 英国伦敦伍尔维奇广场/Woolwich Squares，Gustafson Porter，London，2011

◎作为主要交通导向的道路必须简洁、直达，宽度合适，地面平坦，适应各种人群的通行需求。道路的两侧最好也是具备良好的视觉通透性和适当的宽度，使用起来安全、便捷，不会造成人流拥挤。

▲ 得克萨斯州郊野蓝洞区域公园/Blue Hole Regional Park，Design Workshop，Texas，2014

◎公园有4.8千米自然宁静散步道，其中50%的面积是婴儿车使用者和轮椅使用者可以到访的区域。对于尺度较小的道路，要增加道路的曲折性以便与边界空间互动，加强道路地面的肌理触感，才能使得空间显得具有亲和力。

▲ 悉尼的“高线”公园/The Goods Line，ASPECT Studios with CHROFI，Sydney，2015

◎在狭长的带状公园中，蜿蜒曲折的道路提供了多用途空间。在快速通过之外，嵌入了舒适宜人的休憩场所，如看台、座椅、剧场、儿童游乐区、乒乓球台、草坪等。

3.2.3 植物

1.概念

植物配置包括两个方面：一方面是各种植物相互之间的配置，需考虑植物种类的选择和不同组合，平面和立面的构图和色彩，以及季相搭配和园林意境的营造；另一方面是园林植物与其他园林要素，如山石、水体、建筑、园路等相互之间的配置。

2.作用

空间功能：植物在空间中起到重要的造型作用，即界定空间、提供私密性和创造景观层次等。

工程功能：植物能有效防止人的眩光、引导交通视线、美化环境，具有降低噪声、减缓风速、防风固沙、调节城市热岛效应等作用。

调节微气候功能：遮阴、防风，调解温度和影响雨水的汇流等。

美学功能：强调主景、框景及美化其他设计元素，使其作为景观焦点或背景；另外，利用植物的色彩差别、造型特点等还可以形成小范围的特色，提高景观识别性。

3.类型

（1）乔木。

乔木的树干和树冠有明显的形态区分，两者共同形成一个顶部覆盖、底部可供通行、具有休闲等功能的空间形态。这种空间形态时刻处于时间变化之中，通透性强。

（2）灌木。

灌木的丛生状态使得种植平面形状上呈片状集中形态。选择合适丛生高度来对观景视线进行引导。不同的灌木配置在同一片区能大大提高观赏的愉悦感和兴趣。

（3）藤本植物。

藤本植物的形态取决于它依附物的形态，并且能够非常巧妙地柔化依附物形态。

（4）花卉 。

花卉种类繁多，色彩、株型、花期变化很大，这为景观带来非常丰富的色彩和季节变化。

（5）草坪和地被植物。

草坪是可以形成各种人工草地的生长低矮、叶片稠密、叶色美观、耐践踏的多年生草本植物，具有美化环境的作用。地被植物指用于覆盖地面的矮小植物，既有草本植物，也包括一些低矮的灌木和藤本植物，高度一般不超过0.5米。

▶ 日本天龙寺庭院/The Garden of Tenryū-ji，Japan

◎植物的季节变化给庭院带来丰富的色彩层次。

▶ 休斯敦纪念公园总体规划/Memorial Park in the 21st Century-A Master Plan，Nelson Byrd Woltz Landscape Architects，Houston，2015

◎纪念丛林效果图，位于左下角的是一战时期Logan军营的遗迹。挺拔的混合松树树冠无形中限定了顶部空间，高耸的树干也让人想起步兵集结时整齐的队列，整个空间就被营造出一个具有场所精神的廊道。

◀ 麻省艺术与设计学院宿舍楼前小广场设计/Mass Art Residence Hall by Ground Inc.，Boston，2015

◎自由曲线绿化池中的植物加强了自然的表现力，并为坐在这里的人们营造了亲切的气氛。

3.2.4 水景

1.概念

水体的形态和变化取决于盛放容器与边界限定形态、光与风的变化、人工设备等外部因素。水的多变性和可塑性强的特点使得其在景观空间中非常吸引人，为景观增添了不少变化莫测的韵味。

水景设计充分利用水的折射性强和反射性强的特点，带来不同寻常的感官体验。

2.功能

生态作用：水体可以减少空气中的灰尘，增加空气的湿度，降低环境温度等来调节空气质量，为景观空间创造舒适健康的生态环境。同时水体也在土壤中起到灌溉、蓄水、净化的作用，是生物生存的必要条件。

感官体验：人具有亲近自然的本能需求，通过水体自身的形态变化和人工调整，人在观水、近水、亲水的互动过程中可获得感官享受和体验，身心得到陶冶。

互动作用：丰富的形态和声音变化、水上活动的创造等，吸引了人们的兴趣和好奇，符合人的亲水性需求，为景观空间注入非常强大的活力。

3.类型

静水，指在地势低洼或者人工开挖处通过蓄水形成的水平水面的水体。静水给人的感觉就是安静、平稳、开敞。

流水，指地面有一定坡度，水体顺势而流，多数为溪流形式。流水给人的感觉是动感十足，连续性强。

跌水，指水体从高水面流向低水面呈台阶状跌落的形式。跌水要借助地形的高差变化和跌水构筑物形成。在设计时要充分考虑原有地形的特点，以此来决定跌水的造型、尺度、流向等。

喷涌，指将水通过一定的压力处理，由喷头喷洒出来，并具有特定形状的水体造型。喷涌按构造形式可以分为水喷泉和旱喷泉。喷涌可根据现场地形条件，仿照天然水景制作而成，如壁泉、溪流、瀑布、水帘、涌泉等；也可以完全依靠喷泉设备进行人工造景，如雾喷、音乐喷泉、游乐喷泉、激光水幕电影等。

◀伊拉·凯勒水景广场/Ira Keller Fountain Plaza，Lawrence Halprin，Portland，USA，1970

◎设计师从俄勒冈州瀑布山脉、哥伦布河的波尼维尔大坝中找到了设计原型。大瀑布及跌水部分采用较粗犷的暴露的混凝土饰面。巨大的瀑布、粗糙的地面、茂密的树林在城市环境中为人们架起了一座通向大自然的桥梁。

▲苏州中航樾园内庭院/张唐景观，2016

◎小溪蜿蜒流过庭院，时浅时深，时宽时窄，溪底的分层曲线模拟流水冲刷侵蚀效果。小溪的独特设计可以让人感受到时光在石材上雕刻的印记。

▲荷兰Hageveld庄园地下车库顶上的景观湖/Hageveld，Hosper，Nederland，2015

◎景观池塘水面面积730平方米，深度达60厘米，边缘为COR-TEN钢。车库入口巧妙地隐藏在水面之下，平时基本平静的水面倒映出古典的建筑影像。

3.2.5 景观设施

1.概念

景观设施是指能为观景者提供具有功能性、实用性的建筑小品、设备等，也称景观家具。

2.作用

实用功能：功能性是其必须解决的第一问题，这种功能是具体的、实用的。

装饰审美：景观设施的造型美观不仅可以体现设计者的设计理念和艺术造诣，

而且还可以增加空间欣赏度。

文化传承：景观设施作为一种文化要素转译为视觉形态的传播媒介，可以很好地传递区域的文化和精神。这样可有效地激起人们的共鸣和对场地的热爱，并能增强环境的可识别性，塑造环境空间的个性特点。

3.分类

依据景观设施的功能不同，可分为信息交流、交通安全、休闲娱乐、商业服务、无障碍、装饰美化等硬件系统。

表3-2 景观设施系统构成

子系统	系统构成
信息交流系统	小区示意图、公共标识、留言板、意见箱、电话亭、邮筒、书报亭、阅报栏、街头钟等
交通安全系统	照明灯具、交通信号、公交换乘点、交通隔离栏、消火栓等
休闲娱乐系统	饮水装置、公共厕所、垃圾箱、烟灰皿、街椅、健身设施、游乐设施、景观小品等
商业服务系统	售货亭、自动售货机、银行自动存取点等
无障碍系统	建筑、交通、通信系统中供残疾人或行动不便者使用的有关设施或工具
装饰美化系统	装饰雕塑、装饰照明、花坛、水池喷泉、瀑布和花饰计时、花架、绿化、盆栽、地面铺装、室外装饰

▲ 德国Hafencity的滨水城市公共空间景观/Miralles Tagliabue EMBT，Hamburg，2017

◎根据高差与绿化，随意的设置宽大的平台，可坐可躺，非常自由。

▶ 西班牙巴塞罗那广场/Pla，a Ripollet，Franc Fernandez，Barcelona，2016

◎由于广场的空间非常狭小，仅仅使用了一个简单的元素，就将各个不同功能的空间划分开来。一个单体弯曲，抬起，再弯曲，承担了大部分户外公共设施的职责。单体的上方分布着石材和铝板做成的座椅。在末端，它向天空延伸，然后弯折平行于地面，在夜晚照亮着整个广场区域。

▲ 城市家具设计——“桥梁”/Mermelada Estudio，Barcelona，2017

◎高扬的拱形将相对而立的两把椅子连接在一起，而附着其上的抽象图案仿佛是具像化的语言，在彼此间传递信息，搭建起人际交往的桥梁。

▲ Playford Alive市镇公园/Playford Alive Town Park，ASPECT Studios，Australia，2016

◎鲜艳的船型红色金属边饰花池。

3.2.6 构筑物

1.概念

景观构筑物是出于对地形改造、安全防护、空间围合、观景休憩等需要建造的建筑设施。景观构筑物一般体量不大，没有建筑空间那样完整，也称为小型景观建筑。

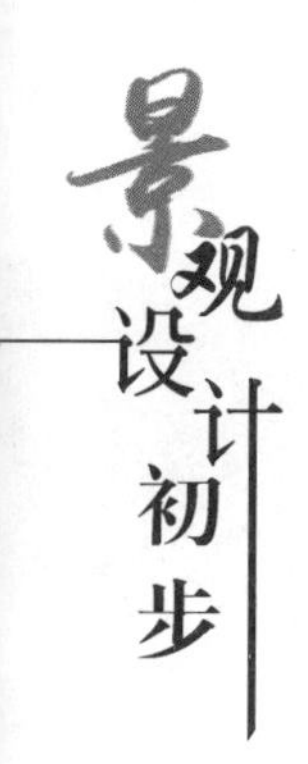

2.作用

临时空间：提供人们游览、欣赏、休息等临时性而非长期性活动所需空间，是多种观赏、交往活动的主要场地之一。

装饰审美：富有表现力的艺术造型以满足人的视觉审美。

场所特征：构筑物的造型与材料集中体现了所在场所的人文特征，成为景观个性的识别载体。

3.分类

景观构筑物类型包括交通类、防护类、围护（拦阻）类、建筑附属类和休憩类。

①交通类包括台阶、坡道、坡阶、小桥等。

②防护类包括挡土墙、护坡、堤坝、护岸等。

③围护（拦阻）类包括围墙、围栏、大门等。

④建筑附属类包括采光棚、地下入口等。

⑤休憩类包括休闲亭廊、观景平台、景观塔等。

▲ 第十届中国（武汉）国际园林博览会《乡园》，2015

◎用简洁的结构线来还原乡村所拥有的基本景观要素：林地、聚落 、河流、田野以及从精神到日常生活的典型时空元素。错落有致、斑驳陆离、光影变幻的屋面限定了既是室内又是室外的廊道空间。

▲ 社区公园遮阳结构/Playa Vista Bluff Creek Park，OJB，2016

◎用独特的木结构特征语言来建构遮阳结构，上翘的形式看起来很轻盈，木质也很好地融合到环境中。

▲ 加州海滨小城城市公园/Tongva Park，James Corner Field Operations，California，2016

◎如同贝壳般的瞭望台坐落于公园的最高处，俯视外部城市与海景。

▲ 土耳其Bostanl 人行桥/Bostanl Footbridge，Studio Evren Ba bu Architects，Izmir，2016

◎在钢结构上逐渐降低了碳化木表面，允许游人坐着或者躺着享受海湾优美的景色。人行桥的建设超越了基础的城市元素，不仅仅具有交通功能，并且在敏感的自然环境中重新定义了公共休闲空间。

3.2.7 景观艺术品

1.概念

在景观环境空间中，设计师或艺术家以景观设施或景观构筑物为对象，利用当代艺术、装置艺术等各种观念和形式，用以表达个人、社会、城市情感与文化，并且设计具有艺术内涵的景观作品。景观艺术品在概念和形式上的拓展，以及对媒介材料潜在艺术表现力的挖掘和材料的综合使用，并将游人参与和互动体验融入作品中，从而展现了艺术生活化、文化大众化的景观内涵。

2.作用

标志性代表：在景观环境中，景观艺术品可以作为空间中的“主角”标志性地存在，原因在于其独特的视觉形态和艺术气质容易引起人们的注意，创造很强的视觉冲击力和表现力。这不但是对景观主题的升华，还激发了景观活力和独特魅力，塑造了标志性景观。

感官体验：景观艺术品的形式多变，材料选用丰富，造型独特，为使用者创造了丰富的空间体验。

文化承载：景观艺术品为使观赏者与环境产生共鸣，将场所中文化特征融入特有的形式、色彩、质感和材料中，以此来加强观赏者对于场所精神和文化的感知。

3.类型

根据景观艺术品的功能与空间作用，大致将其划分为标志性景观装置、景观设施、景观雕塑等。

▲ 位于纽约联合国总部大楼处的Non-Violence雕塑/Non-Violence Sculpture in front of UN Headquarters，Carl Fredrik Reutersward，NY，1985

◎一把左轮手枪的枪管被打了一个结，象征对暴力的毁灭及维持和平的重要性。这件知名的雕塑作品创作于20世纪80年代末期，恰当地与建筑环境相统一，起到了点题的作用。

▲ 加拿大蒙特利尔麦吉尔大学健康中心前的“拥抱”雕塑/Havre，Linda Covit，Montreal，Canada，2014

◎入口标志性的外形像“拥抱”的雕塑表示出欢迎态度。白天，自然光线投映出阴影的图案。夜间，每隔三十分钟，三道连续光线以微弱的蓝/蓝绿色调持久洒向艺术品，让人联想起空气（天空）和水，这些都是生命的基本元素。

◀ 枝条“森林”/Call of the Wild，Patrick Dougherty，Tacoma，WA，2002

◎艺术家只使用枝条进行创作，在钢筋水泥的城市环境中创作出美丽的作品。这些材料可以全部回收，是非常绿色和可持续的。形成的作品让人们意识到植物的重要存在，并让人遐想，仿佛远离城市真切嗅到森林的气息。

◀ 西班牙巴塞罗那奎尔公园，安东尼·高迪/Park Guell，Antoni Gaudi，Barcelona，1900—1914

◎瓷砖碎片、玻璃碎片和粗糙的石块，最便宜的建材，创造出最华丽的姿态，这个公园不论从建筑还是设施都可以说是一件引人入胜的艺术品。

3.2.8 铺装

1.概念

景观铺装是指运用自然或人工的铺地材料，按照一定的构成方式铺设于地面从而形成的地表形式。铺装的丰富色彩、多样质感、多变形式赋予了地面个性。

2.作用

通行便利：满足路面结构性能和使用功能的要求，保证车辆和行人安全、舒适地通行。

空间引导：景观空间因铺装引导、暗示而引人入胜，增加交通空间的识别性，起到空间引导与纽带作用。

审美文化：铺装在形式、肌理、色彩上的艺术感为人们创造优雅舒适的景观环境，也是文化特色、景观个性的重要载体。

3.类型

景观铺装材料根据质地不同，分为软质铺装和硬质铺装两大类别。

①软质铺装，是指比较松软的材料形成的铺装地面，主要材料包括草坪、地被、塑胶、灰渣、砂土等。

②硬质铺装，是指经加工的天然建材如石材、木材等，或人工建材如水泥预制块、陶瓷砖等的铺装。

◀ 合肥万科城市之光商业项目铺装，2016

◎设计以河流形式为基调，采用三种不同色调、不同规模的模块石材，利用曲线极限像素化手法，组成一幅大型的视觉幻象画，将模块方形最终组合成曲线。

◀ 软硬铺装的过渡细节

◎软硬整齐分界是一种方式，但是打破这种分界也可创造出活泼、新颖的效果。

▲ 铺装的形态细节

◎左：铺装的分割形状
◎中：局部的肌理变化
◎右：铺装的拼花效果

——设计专题：元素景象

就设计元素而言，除了地形、道路、植物这些物质空间要素以外，还有如历史文脉、民俗民风等人文要素。这些人文要素必须转化为视觉等感官要素才能在景观空间中被人感知，与物质空间要素共同形成整体的景观景象。

景象是由景观设计师创造的，是特定景观环境的整体、典型形象。景象是需要通过这些空间要素来组织实现的，由此建立起人与景观环境的关联，实现景观的积极价值。

这些要素在围合形式、体量、色彩与肌理等空间形态特征上的差异性、个性化，是形成景象的必然要求。只有景观元素之间组成富有差异的变化，才能使景观空间节奏更加丰富。同时，除了强调某个元素的特异之外，还要避免元素之间在组织形式上冲突，以免与整体环境相脱节，从而形成整体的、综合的景象特征。

对于景象特征的形成可以采用图底关系来实现。特征的形成首先需要一个均质的背景环境，即底。通常在景观环境中，底是指占据某个视线方向的大部分元素。这部分元素可以是单一元素，也可以是少数几个元素的组合；可以是实体形式，也可以是如天空之类的虚体。

景观环境中的图是指空间中占据主导作用的焦点式、标志性元素。而这部分元素往往个性突出，在与底的对比中显示其在尺度、造型、构图上的巨大差异，进而才能在背景中凸显出来。其中各元素的轮廓线是图形形成的主要辨识要素。图形和背景的衔接部分由于色彩、质感、体型等的差别对比形成的视觉分界线就是图形的轮廓线。

景象的图底关系其实质就是空间元素的主次布局和层次营造。这种图底关系是符合视知觉优先性的规律的：同周围高差大的部分比小的易于被知觉；幅宽相等的图形比幅宽不相等的易于被知觉；向垂直、水平方向扩展的比斜向扩展的易于被知觉；形状对称的图形比不对称的图形易于被知觉；暖色调的比冷色调的易于被知觉；亮的部分比暗的部分易于被知觉。被知觉感应到的元素往往形成了人头脑中的图形，而不易被知觉的，往往成了背景。

同时，图底关系随着视点位置的运动、视线方向的转移发生相互转变，即所谓的移步换景。这时就需要设计师以宏观的视角来把握不同空间节点之间的图底转换关系，不能因为突出某一处空间的图底特征而造成其他空间景象的混乱。图底关系若处理得难以分清或者颠倒，就会影响环境空间的景象形成与使用评价。

▲鲁宾之杯（Rubin Vase）

◎第一个对于“图底”之间的转换关系进行系统研究的人是丹麦心理学家埃德加·鲁宾，其著名的“杯图”就是一个“图底”转换的典型例证。“图形”和“背景”通过视觉感知可随时替换，黑色与白色的交界线或成为杯的轮廓线，或成为侧影的轮廓线。

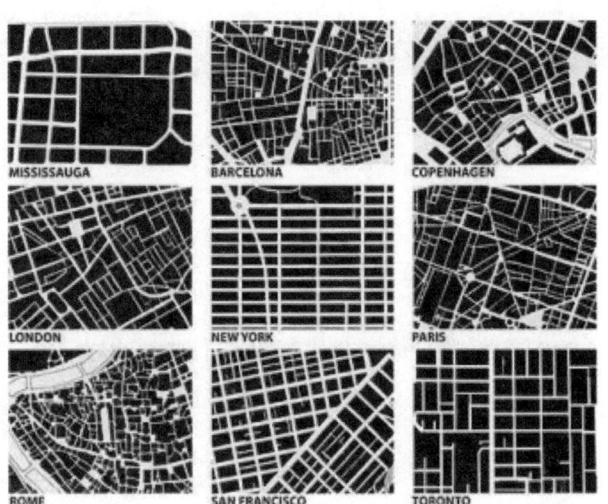

▲不同城市街道的黑白图底关系

◎通过图底关系研究不同城市街道划分的城市平面，可以看出城市空间的构成特点。

▲“Experiments In Motion”展览现场/Manhattan Street Map，FLATCUT，Manhattan，2012

◎曼哈顿街道网格模型漂浮在游客之上，而特殊照明下的街道网格投影置于脚下，为欣赏和观察城市提供了新的视角。

▲浙江余姚中村竹桥/The Bamboo Bridge，Low-Tech Lab，Zhejiang，2017

◎两侧的围护立面使用当地盛产的竹子，密集的竖向线条排列塑造出造型上的统一性，形成良好的识别图形，在与背景青山融为一体的同时不失对比。

◀ 夏威夷IBM大楼广场设计/IBM Honolulu Plaza，Surface Design Inc，Hawaii，2015

◎同一种形式从建筑到景观、从地面到立面得以延续，同时各种元素保持着丰富的图底变化。铺装和水景巧妙地呼应着建筑立面上蜂巢状的图案。变化的铺装尺度呼应着整体的空间格局，也让其使用者能更直观地感受到建筑与场地的尺度变化。阵列式的草坪与硬质铺装相互穿插，如同整齐排列在沙滩边缘的冲浪板一般，在呼应着当地休闲文化的同时，也带来了良好的生态效应。

▲ 北京远洋天著春秋地产景观/澳大利亚柏涛景观，2016

◎融入大量中式符号元素，在移步换景中对景、框景，显示层层递进的规划布局，富有立体感和层次感。

——设计导则

1.地形

所有的设计思想和方案都必须在原地形图上进行研究、推敲和绘制。设计的起始任务之一，通常是要绘制包含原始地形的基础图。这种基础图通常绘有等高线、地界线、原有构筑物、道路及现存植物。原始地形图可通过现场勘测、地图测绘或航测等方式绘制而成。

在任何一个受地形限定的空间内，其封闭程度依赖于视野区域的大小、坡度和轮廓线，这是设计的要点。

调节地表排水和引导水流方向，是地形设计的重要工作。

2.道路

道路的导向作用只有符合有效的运动路线时，才会发挥作用。而当路线过于曲折变化并使人走“捷径”较容易时，其导向作用便难以发挥。

根据功能需求设置不同的道路尺度，可以使景观空间结构更加有序，并产生丰富的体验层次感。

3.植物

设计师必须通晓植物的综合观赏特性，熟知植物健康生长所需的生态条件，并了解植物生长所需的环境效应。

植物的造型设计对空间特征尤为重要。纺锤形和圆柱形植物通过引导视线向上的方式，突出了空间的垂直面；水平展开的植物形状能使空间构图产生一种宽阔感和外延感。因此，这类植物通常用于从视线的水平方向联系其他植物形态。

一般应多考虑夏季和冬季的色彩，因为它们占据着一年中的大部分时间。对植物的取舍和布局，可以依据花叶颜色等季相来布置，但要注意这些特征会变化很快。

4.水景

从赏景点与景物的位置来考虑水体的大小和位置。对于单个的景物，水体应布置在被映照的景物之前，观景者与景物之间，而长宽取决于景物的尺度和所需映照的面积多少。

水景形式多样，可从安全使用、造型特点、空间氛围等来选合适的样式。

5.景观设施

首要考虑因素是功能，其次才是造型。当然，景观设施的功能使用还依赖于制作技术和材料的发展。

景观设施是景观视觉传达系统的重要组成部分，其造型风格和文化符号特征都应该在整个景观主题的指导下完成，这样可以加强景观空间的统一性和识别性。

6.构筑物

对标志性构筑物最理想的观赏距离，可以参照2：1的视距与物高比。按这一比例尺计算，视平角为27°时，便能轻易地看到构筑物的全貌。

构筑物的中心开敞空间是人们活动交流的主要场地，因而设计师要依据活动尺度、动静变化的要求使构筑物空间保持相对的内向性和向外渗透性。

构筑物的造型设计除了体现与整体环境风格相一致的美观效果，还需要体现场地精神的人文特征。

7.景观艺术品

景观艺术品是景观环境的艺术品质的最佳体现，最吸引人的注意力，往往也能激发意想不到的交流活动。

设计师需要对景观艺术品的尺度、造型与作用进行基本的设定。可以自行设计，这要求景观设计师有较高的艺术修养，也可以与艺术家进行合作共同完成设计。

8.铺装

在进行铺装的形式选择时，设计师应对其在平面造型和透视效果上加以研究。在平面布局上，应着重选择构成吸引视线的形式，及与其他要素的相互协调。在透视中，平行于视平线的铺装线条，强调了铺装面的宽度，而垂直于视平线的铺装线条，则强调其深度。

铺装材料的过多变化或图案的烦琐复杂，易造成视觉的杂乱无章。在设计中，至少应有一种铺装材料占有主导地位，以便能与附属的材料在视觉上形成对比和变化，以及暗示地面上的其他用途。这一种占主导地位的材料，还可贯穿于整个设计的不同区域，以建立空间统一性和多样性。

——观察记录

①拍摄城市景观或者自然景观照片，勾勒出这些照片中的近景、中景、远景，分析和思考这些景观构成是如何符合图底关系的，以及图底景物各自的尺度、造

型、颜色、肌理会给景观视线和体验带来什么样的影响。

②按照地形、道路、植物等设计要素来对收集的素材进行分类，分析这些设计元素在标记空间、控制视线、引导节奏上的作用。

3.3 设计要素

景观是以人的视觉要素为主，并复合其他感官要素而形成的意象。每一种设计要素都深刻影响着人对于场所的记忆。从空间形态特征来看，可以将景观设计要素分为路径、边界、区域、节点和标志物五种类别。

3.3.1 路径

1.概念

路径是供观察者有意或潜在移动的线状景观空间，主要包括车行道、步行道、桥体、水流等。

路径是景观中联系空间各个节点的交通流线，边界、区域、节点、标志物等要素依秩序沿着路径展开布局。可见，路径是景观意向的主导要素。

2.作用

路径为各类交通主体的交通活动和行为提供空间的载体，满足空间转换、穿越的基本功能，通行顺畅是其基本要求。路径还具有其他派生功能，具体包括通风与日照空间的提供、视觉观赏的体验、地下管线的埋设、防灾和避难场所等。

人在路径中多以运动形式存在，从起点到终点既是一种空间的转换，同时在此过程中又受到不同因素对体验者带来的影响，比如风霜雨雪、光影变化、植物季相变化等，在移动体验中感知时空变化。

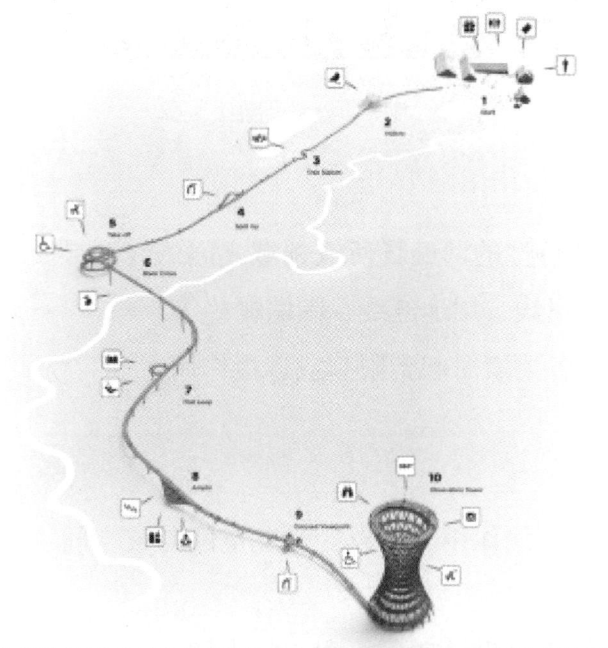

◀ 路径：螺旋式观景塔/ Camp Adventure-The Treetop Experience by EFFEKT, Denmark, 2016

◎整个项目包括一条600 米长的树顶步道，连接到一个 45 米高的螺旋式观景塔，可以360° 观看森林景观。这条步道和塔是一条连续的坡道，将动态元素整合到路线中，供游客一边在其中学习，一边与森林进行互动。从一个拥有一系列鸟类的鸟舍开始，路径将往上绕圈，使得游客能更靠近树木。

▲路径与边界的铺装过渡

◎景观中相邻空间以边界区分开来，但彼此特性并非绝对隔绝，可以或多或少的相互渗透，使沿线的两个区域仍然相互关联。

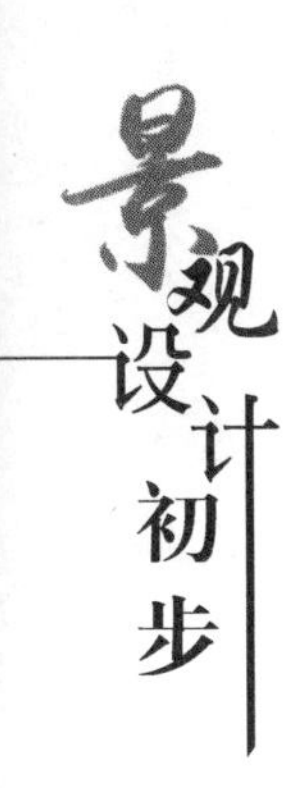

3.3.2 边界

1. 概念

边界是景观中具有不同功能和物理特性的两处场所或领域之间的线型界面，是具有连续特征空间的线型形态，比如海岸线、用地红线、围墙栅栏等。

在景观空间中，边界在组织和连接各要素时起到限制或连接作用。

2. 作用

边界对于景观空间而言具有重要的分隔作用，可以区分此空间与彼空间不同的特性。

边界对于塑造心理空间也有重要作用。设计者可根据空间主题和地形环境，通过引导或者规避视线、视距来为体验者创造心理空间，营造舒适的人性化环境。

3.3.3 区域

1. 概念

区域是体验者区别其他设计要素能够进入相对较大的空间范围，具有普遍性特征。根据主题和功能要求将景观空间划分为不同的片区，以达到整体上对空间组合和主题立意的控制。具有明显的区域视觉特征的独立景观区域可以在内部被识别，也可以在移动中被体验。

2. 作用

区域是识别景观特征和区别其他地区的重要依据。将主题体验划分后，可利用区域空间之间的明显差异特征来增加体验的丰富性和层次性。

3.3.4 节点

1. 概念

节点是景观中具有焦点作用的形式或空间。从概念上讲，节点是景观意象中很小的点，但实际上可以是纪念碑或是城市广场，甚至是线条状的延伸空间。从广域角度看，节点甚至可以是整个城市片区。

2. 作用

节点在视觉上加以提醒和突出可以成为空间焦点，为体验者辨别地理方向和明确自身位置提供依据。节点还可以在景观空间中成为到达的目的地和集合点。节点还具有精神和文化象征作用，成为景观场所的显著标志。

3.3.5 标志物

1. 概念

标志物是体验景观的外部观察参照点，是在一定时空范围内的具有某种显著特征的物体或组合要素。标志物区别于其他设计要素具有的连续性特征，以其独特性和特殊性而显现。

2. 作用

由于标志物是景观中具有明显外部形态和特殊位置的重要识别物，因此其关键的视觉特征具有单一性，在某些方面甚至具有唯一性。图底对比是标志物常用设计手法。为使标志物具有识别性的形式特征，可以通过与其背景形成鲜明对比，或是占据突出的空间位置以彰显特殊性。

▲ 威尼斯圣马可广场

◎作为“城市会客厅”的圣马可广场对于威尼斯这座城市而言，是主要的开放性空间，充当着城市形象的重要区域。

▲ 威尼斯圣马可广场的四边形钟楼

◎钟楼位于大小广场转折处，是整个圣马可广场的标识物，在广场中具有绝对视觉焦点的地位。转角的位置照顾到了三个广场入口的视觉观感。

▶ 威尼斯圣马可广场入口石柱

◎河边有两根威尼斯著名的白色石柱，一根柱子上雕刻的是威尼斯的守护神圣狄奥多，另一根柱子上雕刻的是守护神圣马可的飞狮，这两根石柱是威尼斯官方城门，威尼斯的贵宾都从石柱中间进入城市。石柱在入口处充当主要的节点作用。柱头雕塑的朝向又暗示着入口内外的方向感。

——设计专题：要素造景

路径、边界、区域、节点与标志物五种设计要素在景观空间的组合运用主要是通过造景手法来实现的，并以此来表现景观特色和风格。常见的造景手法有抑景、引景、透景、添景、藏景、露景、夹景、对景、隔景、障景、框景、漏景、借景、分景、题景等。这些造景手法其实就是布置视点与视线在这五种设计要素中的位置、远近、方向等美学。

对景的“对”，就是相对之意，即可从甲观赏点观赏到乙观赏点，也可从乙观赏点观赏到甲观赏点。相对有正对与互对之分。正对是在路径的终点或其中一个端点设景，这种情况的人流与视线的关系比较单一。互对是在路径相对两端互设景致，此时的视点与人流关系则强调相互的内涵联系。对景一般讲究轴线对称，对的景物恰好在观赏者所处轴线的正中。而在大尺度空间中，对的景物可与总体布局的轴线不在一条主轴上。

对景是相对为景，借景则只借不对。借景是单向的，这就是借景与对景的不同。而且，借景的视点与景物一般不在同一个空间区域，借景的视线与景物之间没有阻挡，因而预示着视点与景物在远近、高度上有较大的差别。借景因距离、视角、时间、地点等不同而有所不同，通常可分为近借、远借、仰借、俯借、应时借五类。其方法通常有：开辟赏景透视线，去除障碍物；提升视景点的高度，突破园林的界限；借虚景；等等。

框景，顾名思义，就是将景框在“镜框”中，如同一幅画。具体来说，框景就是有选择地把另一空间的景色用类似画框的门、窗洞、框架，或有树木环抱而成的空隙等，形成如嵌入镜框中图画的美妙景象，使观赏者的注意力集中到画面中最精彩的部分，引人入胜。框景的最佳观赏视距应设在景物高度2倍距离以上，视角在26°~28°。这时的框为前景，框内实景为中景，远方的物为背景，以此增加空间层次，扩大景深，也加强了空间之间的联系与互动。

这些造景手法可以有效地增加空间的层次和空间深度，取得与众不同的视觉效果，形成空间的虚实、疏密、明暗的变化对比，疏通内外空间，丰富空间内容和意境，增强空间气氛和趣味。

◀对景

◎相邻的空间是各自独立的，在行进的过程中可以观看到对方由整体到细部的变化。

▲借景

◎寄畅园借景锡山龙光塔
◎颐和园远借西山群峰，近借玉泉山为背景

▲框景

◎通过门洞、窗框来透视内外之别，往往外部之景特别精致，能够使人遥想和关联更远的景观。

——设计导则

1. 路径

路径是景观空间的主导元素，因此路径必须具有在视觉特征上的个性，这样才能保证路径的导向作用。

路径的起点和终点必须具有较高的识别性，同时在路径的转折点保证安全。

路径的连续与方向对景观空间结构和体验线索至关重要。

2. 边界

边界是一种空间连接形式，或是过渡空间，或是限定空间。人在这种隶属关系模糊的空间往往显得异常活跃。

地面铺装材料的色彩、肌理变化可以暗示空间边界。竖向边界是景观视觉体验的主要方面，其不同的围合尺度、连续性与开合变化直接影响着观景节奏。景观中的顶界面往往是模糊的，可以是构筑物顶部或者植物冠幅底部，也可以是天空，其设计关键就在于如何控制天际线。

3. 区域

区域是一个空间范围，具有清晰的轮廓界定和鲜明的空间特征，主要表现在景观元素的相对均质设定和统一风格上。

区域需要人进行“内部”体验。决定区域的场所特征是空间主题的连续性，它可能包括多种多样的组成部分，比如纹理、空间、形式、细部、地形等。

区域与尺度密切相关。尺度层面上的变换往往使区域内外部结构发生变化。

4. 节点

节点是人能够进入的焦点空间，具有明显的内外之分。

节点是设计主题的突出表现要素。多个节点空间共同组成了场地景观叙事的结构。

5. 标志物

标志物一般处于空间的主要地位，也可以在空间转换之处起到导向作用。

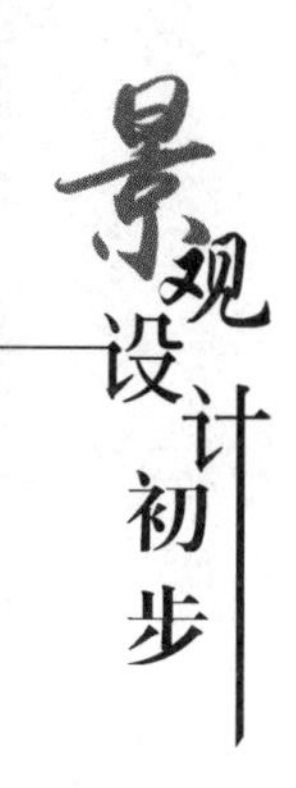

标志物的造型、尺度、色彩、肌理都是唯一的，以便在空间结构中凸显出来。标志物与所处环境必须具有明显的图底关系。

——观察记录

游览中国古典园林，考察其中的造景手法，分析这些造景手法在空间引导、景深延续、命名点题上作用，以及这些造景手法是通过什么具体的造型、色彩与肌理来实现的，对于空间体验有什么作用。

第4章

设计表达

4.1 工作程序

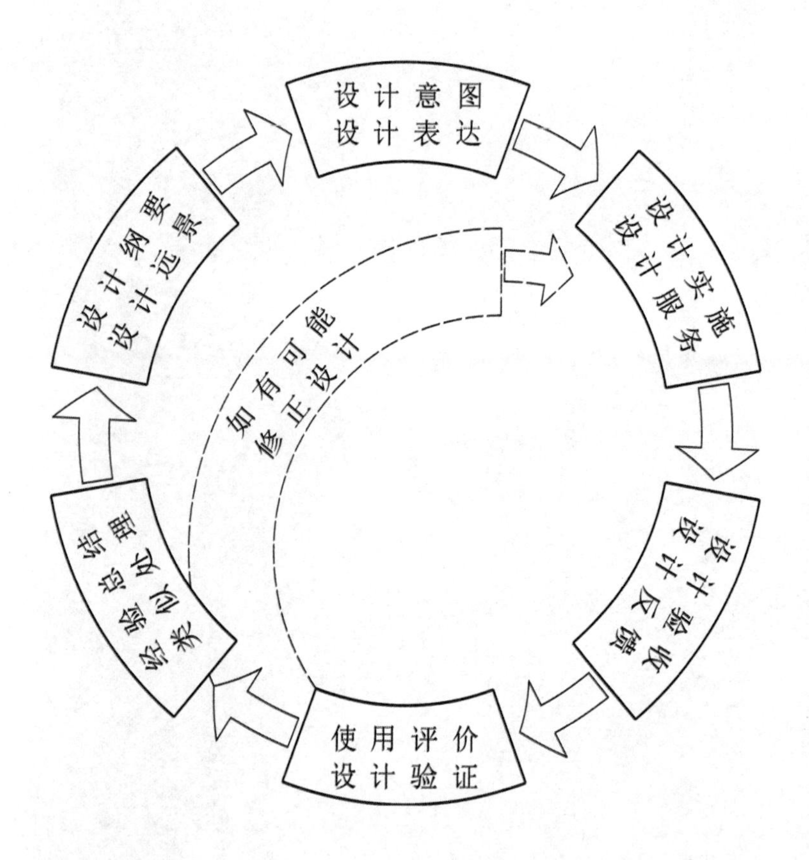

◀ “环型”设计程序

◎这种环型设计程序不仅包括设计的预见与猜想，还包括了设计之后的评价反馈。目前的设计程序往往因为公司运作和合同规定而忽视后期的评价反馈。恰恰相反的是，使用评价往往能够很好地检测设计设想是否符合使用者的要求，从而更好地进行方案修正和提高下次设计设想的合理程度。其实设计程序应该是提出设想、检验设想、评价设想、提出新设想这样一个循环式的过程。

工作程序根据设计对象和组织流程不同，总体上分为设计发起阶段、方案设计阶段、评审论证阶段、施工监理阶段和维护管理阶段，其中方案设计阶段作为工作程序的核心部分。

1. 总体程序

（1）设计发起阶段。

设计发起阶段是指客户有意进行景观建设，并整理、确定场地条件以及基本的设计与建设要求，通过委托设计、竞赛、招标等手段选择设计方，并且双方签订相关设计合同的阶段。这一阶段主要是由客户来实施，也是设计方与客户的初步交流阶段。

（2）方案设计阶段。

方案设计阶段是景观设计师及其团队作为设计服务方进行主要工作的阶段。方案设计阶段可以细分为准备阶段、初步设计阶段、扩初设计阶段和施工图设计阶段。这期间，设计方必须与客户保持及时、有效沟通，以便设计工作得以高效进行。

（3）评审论证阶段。

评审论证阶段由客户或者客户邀请的专家团队针对设计方案的完整性、合理性、科学性等进行评价和建议，从而利于设计方案更好地加以调整。评审的反馈意见是非常重要的。评审通过即可进行下一步的设计工作，若是没有通过则需要根据反馈意见进行相关修改，再进行评审。评审阶段一般穿插在设计过程中，比如在初步、扩初、施工图设计阶段完成阶段性成果后都会给客户和专家汇报，以便及时掌握反馈信息。

（4）施工监理阶段。

施工图设计完成后，需要核对施工现场，经各个专业相互配合校对审核后，才能作为正式施工的依据。施工过程中，景观设计师还应该参与施工的监理工作，与建设单位、施工单位在设计意图、设计细节质量上保持细致沟通，以便取得理想的设计效果。景观设计师在施工监理过程中主要承担用材用料选择、监督施工质量、完善细部做法、设计变更和修改、参加工程验收等工作。

（5）管理维护阶段。

施工完成经竣工验收合格后，一般由施工单位交付给建设单位，由建设单位进行日常维护和管理。管理部门对铺装、水系、植被等景观元素进行日常管理维护时，可能需要设计师提供一些咨询建议，对达到景观预期效果和营造良好环境起到重要保障作用。

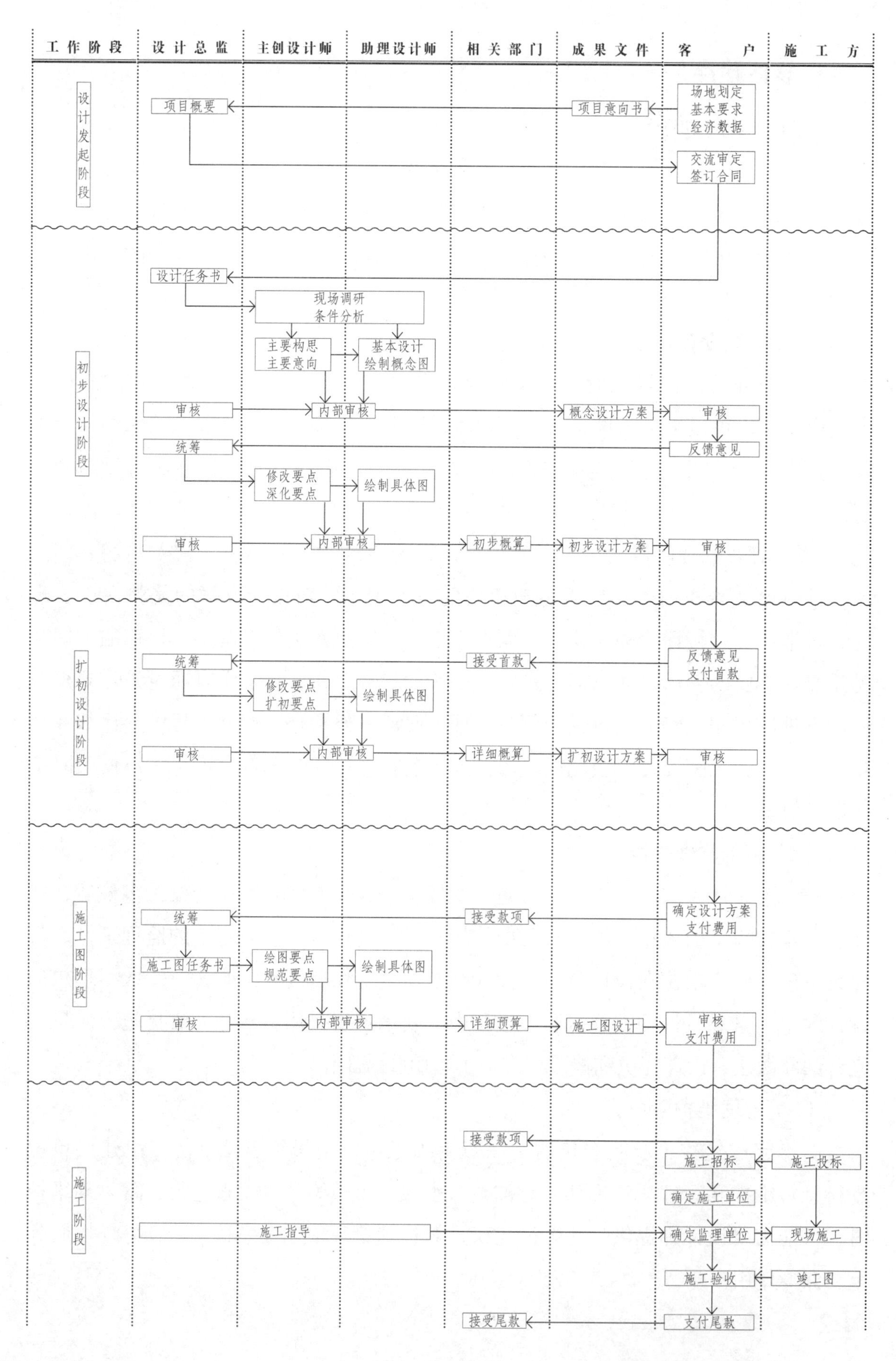

工作阶段
设计总监
主创设计师
助理设计师
相关部门
成果文件
客户
施工方
设计发起阶段
项目概要
项目意向书
场地划定
基本要求
经济数据
交流审定
签订合同
初步设计阶段
设计任务书
现场调研
条件分析
主要构思
主要意向
基本设计
绘制概念图
审核
内部审核
概念设计方案
审核
统筹
反馈意见
修改要点
深化要点
绘制具体图
审核
内部审核
初步概算
初步设计方案
审核
扩初设计阶段
统筹
接受首款
反馈意见
支付首款
修改要点
扩初要点
绘制具体图
审核
内部审核
详细概算
扩初设计方案
审核
施工图阶段
统筹
接受款项
确定设计方案
支付费用
施工图任务书
绘图要点
规范要点
绘制具体图
审核
内部审核
详细预算
施工图设计
审核
支付费用
施工阶段
接受款项
施工招标
施工投标
确定施工单位
施工指导
确定监理单位
现场施工
施工验收
竣工图
接受尾款
支付尾款

2. 设计阶段

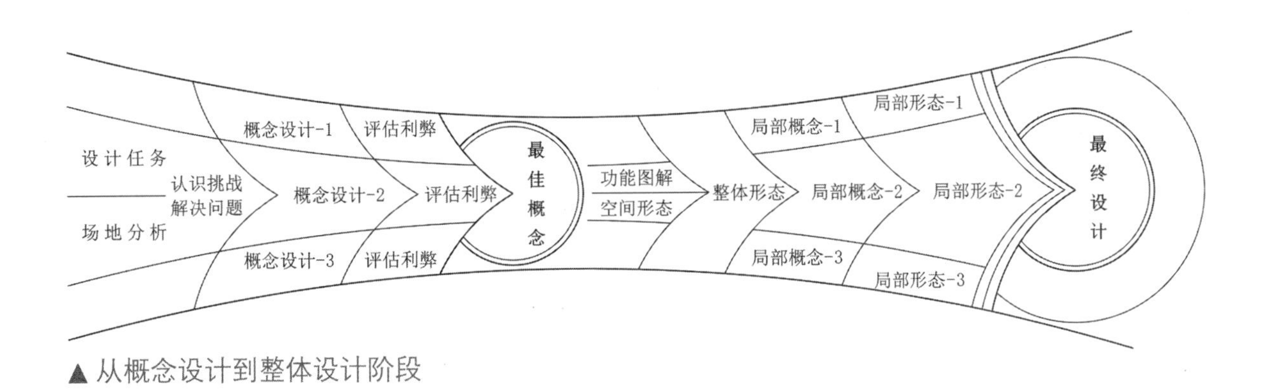

▲ 从概念设计到整体设计阶段

◎概念设计阶段，立足于逻辑合理的程序分析与场地信息分析，往往凭借直觉和悟性提出区别较大的多种鲜明特性的概念。接着对概念进行概括设计，并通过评估、识别之间的利与弊，从而提出最适合项目和场地需求的优选概念设计（可能是多种概念的混合体）进行整体设计。进入整体设计之后，将对空间形态与体验连接进行宏观把控，之后确定设计形态，并继续就各种局部提出创新性的小概念与设想，最后实现完整的设计设想。

（1）设计准备阶段。

设计准备阶段是设计阶段的开始，包括接受设计委托、前期调研考察、相关资料收集等。

设计工作进行之前，需要接受建设方的设计委托书，明确设计任务和具体要求；前期调研除了对同类案例的考察外，需要针对设计地块进行场地勘察与分析。设计委托和前期调研结束后，一般需要客户向设计方提供详细的场地条件图，并且设计方需要收集关于场地的自然条件和社会条件的详细资料，以便设计后续进展。

（2）方案设计阶段。

设计团队整理设计准备工作资料，根据掌握的信息进行可行性分析和研究，然后对项目的主题构思、项目定位等进行概念设计，最后确定符合场地条件的基本空间形态、功能布局、元素组织等。这个阶段的关键点就在于主题构思的确定，设计效益的实现依赖于设计团队的管理和协作，这样才能明晰任务和集思广益，提升方案设计的准确度与创意。这期间，设计方会与客户进行正式或者非正式的交流，确保客户对于初步设计方案的认可。

（3）扩初设计阶段。

景观扩初设计是对景观设计方案的深化与细化，是景观施工图的前期准备。在方案设计阶段的基础上，进一步收集、分析、运用与设计有关的资料和信息进行扩初设计阶段工作。扩初设计要标明主要材质、尺寸、大致结构做法、高差、坐标等。景观扩初设计要求设计者具备熟练的标准制图技法，熟悉各类景观设计的相关规范，了解各种景观施工工艺，对尺度、比例、色彩等景观美学理论实践知识都有相当高的要求。

（4）施工图设计阶段。

施工图是从设计方案到落地实施的依据和准则，其设计阶段需要各个专业工种之间的充分配合和协调，以确定景观施工所涉及各专业具体的实施方案。其中涉及的专业包括景观设计（风景园林）、结构设计（土木工程）、给排水设计、电气设计、工程造价等。

表4-1　施工图设计方案

场地调研内容	方案设计内容	扩初设计内容	施工图内容
土地 地质情况 土壤：贫瘠、肥沃 污染情况 水文 地下水位、地表水 气候 气候：类型、气温、降雨量、季节变化 植被 植被，包括木本、草本、花卉植物及其主要生境 设施 排水、电力、给水、电信、天然气 建筑 周边建筑：风格、密度、高度 内部建筑：使用情况、功能 文物：级别、保护程度 声光 声音分贝 噪音污染 光污染	设计说明 1.设计依据及基础资料 2.场地概述 3.设计原则 4.总体构思、主题及特点 5.功能分区、主要景点设计及组成元素 6.种植设计：种植设计的特点、主要树种类别（乔木、灌木） 7.对地形及原有水系的改造、利用 8.给水排水、电气等专业有关管网的设计说明 9.有关环卫、环保设施的设计说明 10.技术经济指标（也可放在总平面图纸上） 设计图纸 场地现状图 总平面图 1.地形测量坐标网、坐标值	设计说明 总平面设计图（功能标注） 分区平面设计图 竖向设计图（包括排水意向图） 表达竖向变化的剖立面图 分区详细竖向设计及排水平面图 表达设计的剖立面图 地面铺装总平面图 分区铺装平面设计图（含铺装材料图片及铺装方式索引） 绿化配置说明书 绿化布置图（包括总平面、乔灌木、地被三部分）	总体图纸 设计人员名单、签字 图纸：简单规定 ML 目录 SM 说明 YCZ 园林初步总图 YSZ 园林施工总图 YCA 园林A区初步图 YSA 园林A区施工图 TY 通用图纸 YSS 园林给排水施工图 YDS 园林电气施工图 YJS 园林结构施工图 详细图纸 设计说明 设计依据 设计概况 园建细则 园水、园电、园结构总图 景观总平面图 竖向标高及排水图 总平尺寸及坐标定位图 总平网格定位图 总平索引图 总平铺装图 绿化种植平面图

续表

场地调研内容	方案设计内容	扩初设计内容	施工图内容
用地性质 用地类型 用地权属 规划红线 历史 场所历史，包括历史性的建筑物、构筑物和文物 场所的使用，包括正式与非正式、定期与不定期的 景色，包括场所内外的环境、类型 场地分析方法 SWOT分析： 优势（strengths） 劣势（weaknesses） 机会（opportunities） 威胁（threats）	2.场地内建筑物一层（也称为底层或首层）（±0.00）外墙轮廓线，标明建筑物名称、层数、出入口等位置及需保护的名木古树位置、范围 3.场地内道路系统，地上停车场位置 4.标明设计范围内园林景观各组成元素的位置、名称（如水景、铺装、景观建筑、小品及种植范围等） 5.主要地形设计标高或等高线，如山体的山顶控制标高等 6.图纸比例、指北针或风向玫瑰图、创意解析图、景观分析图、功能分区图	涉及范围（招标合同设计范围） 植物参考图片 重点地区的放大详图 景观设计中小品的平、立、剖面图及节点大样图 灯光、喷泉、喷灌系统定位及效果设计图 室外景观装修材料说明及样本 标识、垃圾箱、座凳等小品（定位、选型或意向性设计等）设计图 背景音乐系统布置图 设计师认为能表达设计的其他图纸	灯具布置图 小品及家具布置图 水景定位图 总图补充细则 分区图纸 分区图纸总则 分区详图图纸 各节点详图 通用详图 围墙详图、车行道、人行道、园路无障碍坡道、雨污水盖板、沿路排水沟、雨水口、水喉、灯具底座、旗杆底座、体育运动设施及儿童活动设施、预埋底座、灯具示意图，小品及家具示意图，地下室顶板排水做法，草坪排水做法，沿路卵石排水沟做法等一系列详图

——表达专题：客户需求

景观设计牵涉各方利益，如建设方的经济效益和社会效益、使用方的功能需求和精神诉求、施工方的工程成本和技术支持等，并且这些都随着经济发展和社会管理的变化而变化。如今，景观设计师的客户类型越来越多样，各方的设计需求也不尽相同。

个人客户：这类客户的项目主要是私人住宅花园。他们往往对于专业设计缺乏很好的了解，对于设计流程、建造效率也不熟悉，加之他们基于自身可能比设计师还要丰富的人生和社会阅历，因而对设计项目往往有很多的感性认知，这些都给设计师与之交流和设计活动的开展造成一定的困难。关键在于，设计师要以自身的专业素养取得客户的信任，设计交流和活动就变成一件令人愉快的事情。

企业客户：这类客户是为了自身经济效益而开发场地的商业、娱乐或休闲企业。他们追求的可能是短期的热钱投机，也可能是长期投资。这类客户一般由决策层和执行部门来推动与设计师的交流和设计活动的开展。这类客户的诉求更加注重经济效益的实现，这就需要设计师必须在规划设计、场地使用和建造成本与设计创意、空间设计、可持续性之间做出最大平衡。

政府客户：这类客户具有预设的运作方式，但这种方式可能因为财政预算、运作效率和部门协调等会限制设计的灵活性。基于自身的管理和服务职能使得政府客户项目的范围很宽泛，而项目本身的服务对象主要是公众，因此设计师必须在政府长远、宏观规划指导下实现公共诉求，这是十分具有挑战性的。

当然，客户来源还有学校、医院、银行、基金会等。这些客户可能对于景观设计的运作缺乏足够的了解。而且，尽管这些空间的服务对象非常单一，但是对于空间功能和氛围要求却是非常专业的。这就需要设计师深入了解相关专业知识，有条件的情况下深入到使用空间现场中体验和调查，这样才能把握这些客户的具体诉求。

在与客户交流的过程中，还需要把握以下两点：

公共利益：除了为私人空间提供设计服务以外，设计师大多数情况下要面对的是公共空间，而公共空间集中了最广泛的公共利益。由此，设计师理应考虑公共利益诉求。

长远利益：设计属于一个社会经济活动。信誉良好的客户一般都比较注重用长远眼光看待设计活动，凭借优越的运作机制能够保证资金投入的连续性。当然也有一些投机客户注重短期前景，对于快速回报很感兴趣，希望设计活动和建造过程快速进行，往往忽略与设计师及时有效地沟通，造成设计项目的粗制滥造。因此，设计师要在专业范围之内与客户沟通，最大化地保证设计工作的时间和品质。

景观设计业务高效开展的关键就在于取得客户的支持、理解与信任。不容忽视的是，客户们往往是有目标和理想追求的，而设计师的任务就是帮助他们按照专业要求来实现。

◀哥本哈根动物园熊猫馆，2017

◎这次的客户就是两只大熊猫，它们孤独的特质需要设计师为它们创造两个相似但彼此分离的栖息地——一个属于雌性大熊猫，另一个属于雄性大熊猫。大熊猫栖息的空间像一个巨大的太极符号，阴阳的两半分别象征着：雌与雄，彼此补全形成一个完整的圆。场馆弯曲的线条在一些区域抬升形成了它们之间以及它们与我们之间的必要分割。

▲ 费城海军船厂旧址上的美国服装零售企业总部园区/Urban Outfitters Headquarters at the Philadelphia Navy Yard by D.I.R.T. Studio，2014

◎企业园区的最终设计呈现远远超越了客户对于材料再利用的审美期望值，并为项目场地生态性能的发挥创建更为广阔的施展空间。如原来的铁路路段被改建成惬意的花园，过往的痕迹清晰可见。该项目中具有革新意识的客户方敢于突破常规，并与景观设计团队进行友好协商，坚持将1号干船坞区设计为一个开放式公共绿化景观空间，而并不仅仅只是企业园区的一个延展空间。搬到这里后员工流失率减少11%，请假人数也相应减少，人们感觉更轻松更快乐，社区和公司的归属感被建立培养。

▲ 空中花园/Sky Garden By Raymond Jungles，Inc.in Miami Beach，Florida，2014

◎空中花园位于美国佛罗里达州的迈阿密海滩区中，是一幢经过改造后的办公大楼和新型停车场综合建筑的屋顶空间。它是一处私密性家居型屋顶花园。项目客户希望将原先乏味的混凝土构筑物及相关设施拆除，营建一处充满绿意的天然屋顶花园景观。客户与设计师都希望赋予这处空中景观以自然生态美感，因而专门精心挑选了适宜在浅土层中生长的植物进行栽植。

——设计导则

1.工作程序

整个工作程序牵涉众多的利益主体以及不同的利益诉求。设计师的任务就是充当一个“协调者”的角色，用较高的专业水准来实现利益最大化。这期间，设计师要在空间设计中满足各方诉求，更重要的是要保持专业自信，保证设计工作的相对独立开展。

不同客户具有不同的需求，即使在客户群体内部也可能存在不一样的意见。设计师要以专业眼光抓住主要诉求。另外，一些高素质的客户可能在人生阅历和观赏

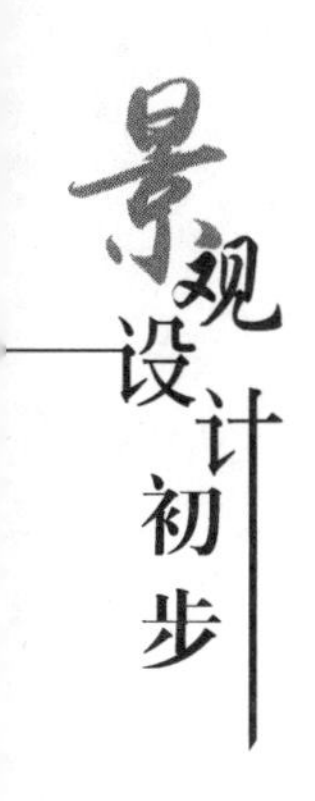

视野方面比设计师更丰富与宽广，这时设计师要有选择性地积极认可。切记，不能因为客户不是专业人士而愚弄客户。这是职业道德所不允许的。

设计师与客户的初步交流对设计工作十分重要。设计师一方面展现出设计自信和专业水准，更要帮助客户对众多繁杂的信息进行专业梳理与概括，明确在专业范围内能完成的设计任务。

评审阶段需要设计师对设计方案进行全面、详细、准确的汇报。因此，设计展示技巧、方式、媒介是设计师必须掌握的技能。

设计师还将在施工阶段提供咨询与指导服务。施工图纸与现场条件不可避免地存在一定的差异，而且图纸示意的施工技术规范往往落后于实际施工技术发展。因此，为了保证施工效果与质量，设计师有必要对现场进行监督与指导。

2.设计阶段

设计首先是一个团队工作。团队注重的是管理与协调，这样才能提高设计效率。团队中可能有设计总监、主创人员、设计人员，以及运营人员、后勤保障人员等，各自的角色作用和任务内容是不相同的。

设计团队中的每个成员或者每项工作都必须具备一种特殊而必要的专业技能。同时，与其他专业的有效合作也能保证设计团队的高效与专业水准。

设计团队需要制定一个适合团队工作效率的工作计划。这个计划结合了设计任务书、专业流程、任务分派等，并根据具体的项目定位和设计时间要求进行相应的调整。

设计准备阶段的工作必须细致和准确。前期资料的收集在量上是非常巨大的，这就需要设计师的专业归纳与整理，为后期设计构思提供依据和灵感来源。

场地信息的收集和组织至关重要，否则设计无法开展。如果缺乏对场地的充分了解，设计师可能做出不符合场地条件的华而不实的方案。

方案设计的首要任务是确定概念设计的主题创意，这也是能否得到客户认可的关键一步。主题创意是处于第一位的决定性因素，始终主导设计的全部活动，在很大程度上决定了设计作品的格调与品质。

设计师在每个阶段都必须与客户保持及时沟通，这也是尊重客户的表现。在客户的反馈意见中，有的意见可能会对设计具有良好的启示作用，有的意见可能不是专业范围内解决的问题，甚至会出现一些客户不认可的意见。这时就需要设计师用耐心的讲解和高超的营销技巧来争取客户的认可与信任。

扩初阶段的设计是在初步方案确定后，针对具体空间造型、色彩、肌理与材料而言的。扩初设计应当具备相当专业的技术手段，且能与水电、设备等其他专业进行相互配合来完成。

——观察记录

①到设计公司里实习与考察，熟悉工作流程，观察设计团队中各自的分工；跟进一个项目设计过程，总结自己在团队中适合做什么样的工作和能完成什么工作内容。

②收集设计方案文本，查看目录来了解具体的设计内容。

4.2 设计构思

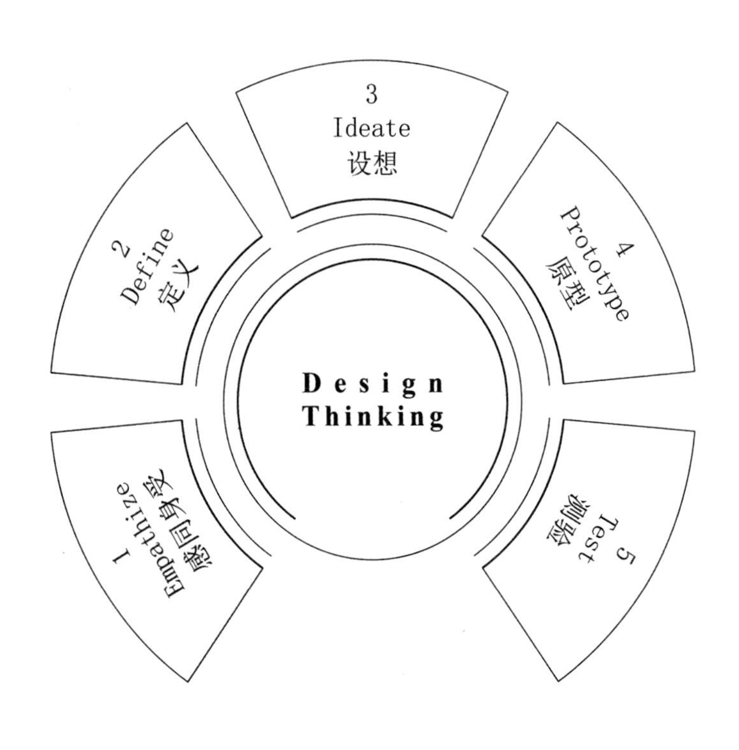

◀ 斯坦福大学 Design School的"Design Thinking"步骤图

◎这个步骤包括了感同身受、定义、设想、原型、测验五个。感同身受或称"移情"，意为通过观察、吸引和沉浸了解用户的使用需求，从用户角度体验、理解用户；定义是指通过需求与问题描述，形成精简、精准的关注点阵列；接着，选择某一个问题关注点加以突破，提出切合实际的设想；之后，为这个设想制定一个具体的解决方案，重在过程中发现新的问题并试图解决，这个方案称之为"原型"；最后，对这个原型进行应用使用的测验与体验，创新审视、完善原型方案。这些步骤虽然针对的是产品设计而言，但推广至其他设计也是适用的。

1. 思维特征

（1）发散性与复合性。

功能、空间、形式、生态、意境等多种要求需要不同的设计方式来满足，解决问题的层面是多重的。这就要求设计师运用发现问题、解决问题的发散性思维，在不同的目的和问题之间寻求最合乎规律的内在联系。同时，设计构思还需要实现发散性、多样性与复合性、整体性的统一，最终确定在主要问题上突破，方案设计趋向复合性、唯一性。

（2）概括性与创造性。

在对具体对象和问题进行综合分析后，设计师还需要将这些分析进行归纳、概括、总结，把诸多问题的共同特点归结在一起加以简明地提炼，形成需求和问题的解决框架。在概括、总结问题以后，就需要设计师在宏观把控之下以创造性思维来解决设计问题。在前面基础工作充分准备的条件下，创造性地发现问题的本质和寻求不同问题的统筹处理。

（3）直觉性与逻辑性。

直觉其实是一种建立在设计师个人设计经验、知识结构和人生阅历基础上的本能，具有迅捷性、直接性、本能意识等特征。直觉可以给设计带来多样魅力，极具独创性和生动性。同样，强调逻辑思维也是非常必要的，以便突出空间建构与环境、人之间的逻辑关系。直觉和逻辑是相互修正、检验、完善的共同体。

（4）图解性。

艺术设计思维的主要特征就是图解性，即运用速写或者草图等视觉图形方式帮助思考。图解思维就是为了物化具体的形象。这种图解方式是片段化的，也是可以不断调整、深入和优化的。

（5）动态性。

构思是一个动态过程，存在于设计初期的确定、设计过程中的调整与突破、设计后期的总结等过程中。在设计过程可能不断出现新的问题，这就需要构思在这种新条件、新认知的动态条件下突破固有的思维模式，创造性地将设计问题解决方式进行修正和升华。

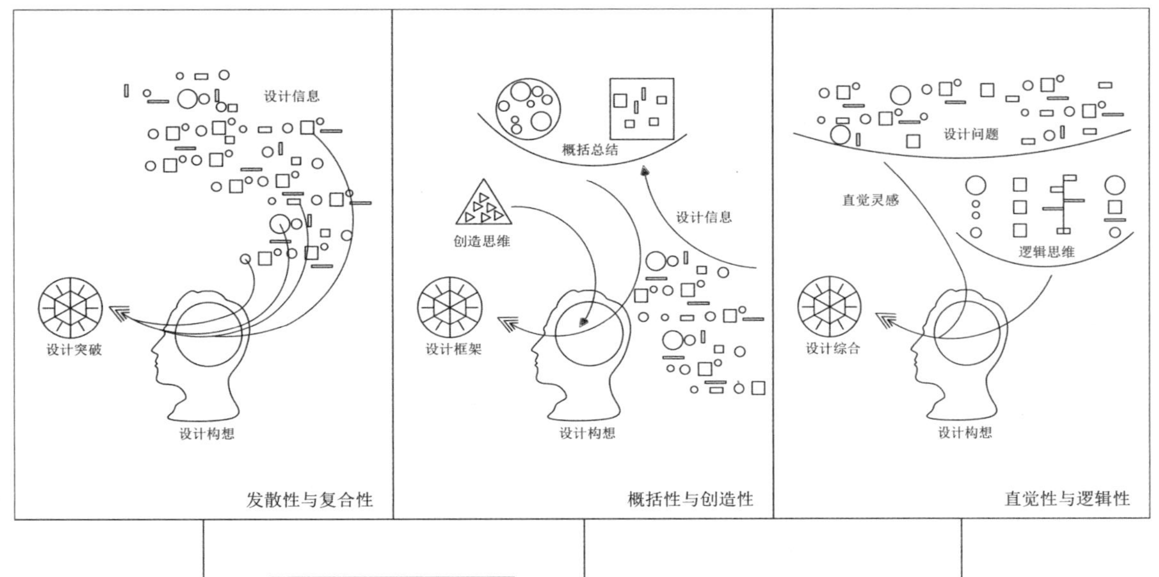

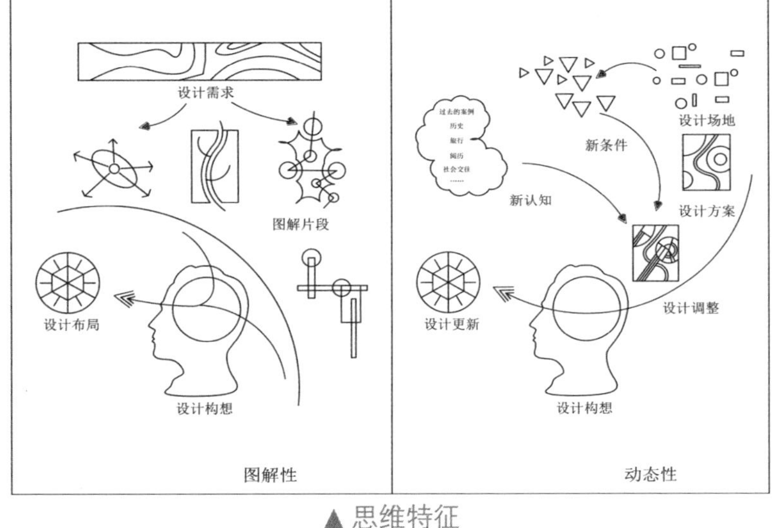

▲思维特征

2. 构思来源

▶ 阿基米德定律与酝酿效应

◎当我们解决问题面临困境时，暂时搁置问题去做些其他事，再回来后，对这个问题的解答就可能“豁然开朗”了。美国心理学家Wallas首次界定了这种现象：从尚未解决的问题中暂时离开，而后问题的解答似乎无须额外努力便自然出现，称为酝酿效应（incubation effect）。阿基米德发现浮力定律（archimedes principle）就是酝酿效应的经典故事。心理学家认为，酝酿过程中，存在潜在的意识层面推理，储存在记忆里的相关信息在潜意识里组合，人们之所以在休息的时候突然找到答案，是因为个体消除了前期的心理紧张，忘记了个体前面不正确的、导致僵局的思路，才会具有了创造性的思维状态。因此，如果你面临一个难题，不妨先把它放在一边，去和朋友散步、喝茶，或许答案真的会“踏破铁鞋无觅处，得来全不费工夫”。

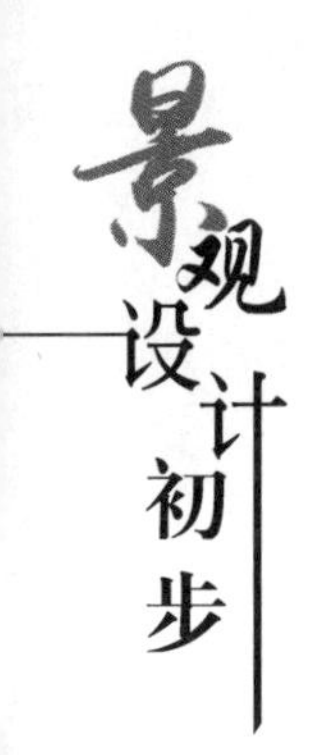

（1）构思动力。

一是针对人的需求动力，包括功能需求和情感需求。

功能需求源自于解决特定人的实际使用问题，如通达、休憩等具体的基本空间需求要得到满足；情感需求赋予场所特有的精神，使景观设计具有超出美学和功能之外的特殊意义。设计如果满足了哲学思考、艺术观念或历史文脉等某一个强有力的情感需求，将产生强烈的认同感，使人们在经历、体验这样一个景观空间后，能感受到景观所表达的情感，而引起人的共鸣。

二是针对场所的问题动力。场地的自然条件和使用现状与未来的设计需求、建造经济等肯定存在着矛盾与问题。这是一项非常具有挑战性的思维创造活动，必须建立在对场地条件的详细、系统、深刻分析与研究的基础之上。

（2）设计价值。

构思活动与设计师的价值判断密切相关，特别是人生观、设计哲学以及面对具体问题的态度对设计方法、过程影响甚大。这些价值态度势必影响到设计师的设计观和设计程序。当然，设计师不能固守着价值判断不变，而是在设计经历中积累经验，不断验证自己的想法，逐渐发展自己的设计态度。值得注意的是，一次成功或者失败的设计经历足以改变设计师未来遇到类似问题时的处理态度，也会影响到设计师设计观的形成与发展，还会深刻地冲击设计师的人生观。

（3）构思线索。

设计构思可以从场地环境中找寻线索，即必须针对场地的优势条件出发，并转译为空间设计的图示语言，最大化地提出适应场地问题的解决方法。

设计构思可以从功能需求中寻找线索。景观设计构思可以来源于人对景观环境的基本需求，以及基本行为、活动对于场地环境使用上的要求。当然，具有创新性

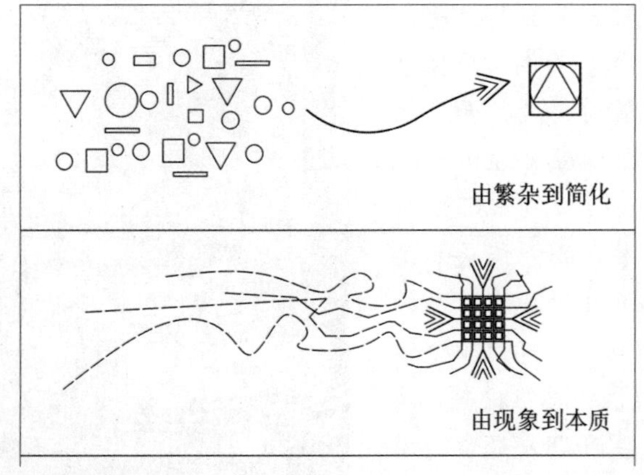

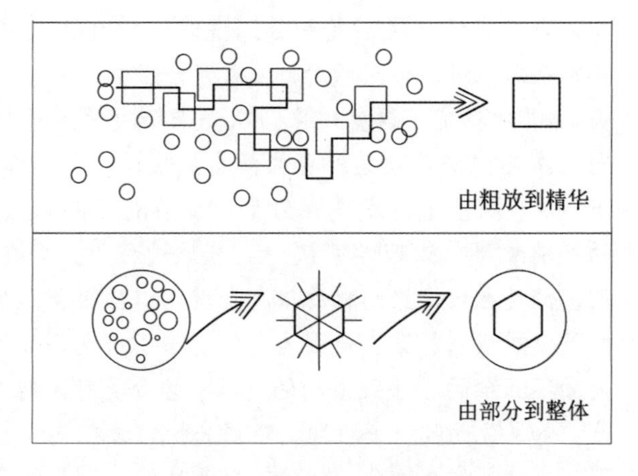

▲构思线索

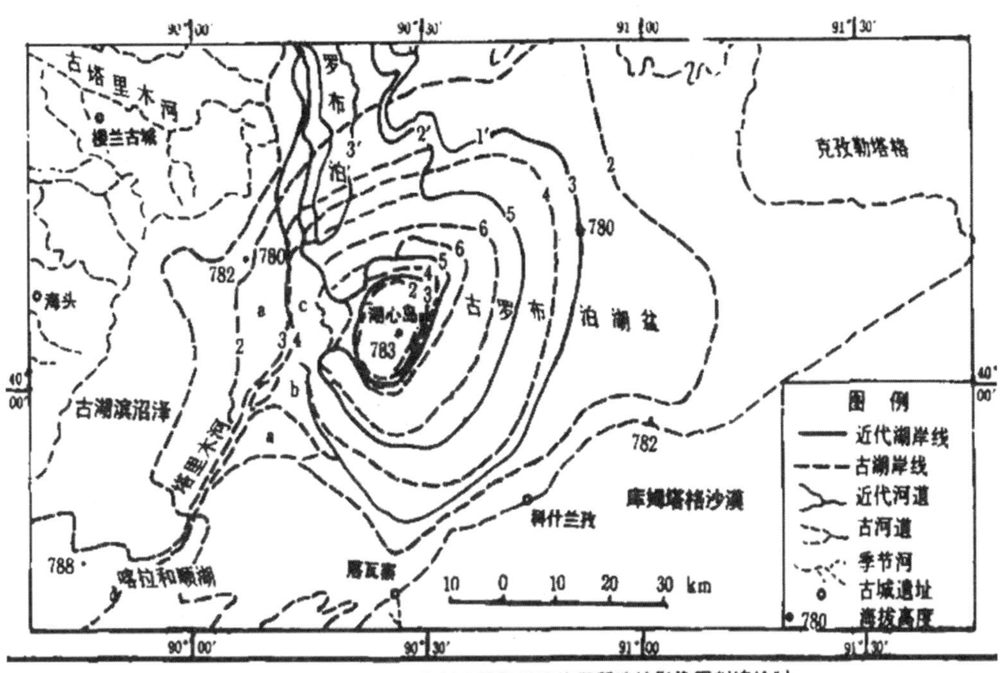

注：该图利用美国地球资源卫星1993年1月1日资料中国科学院地理所编绘影像图判读绘制

罗布泊水面变化判释图

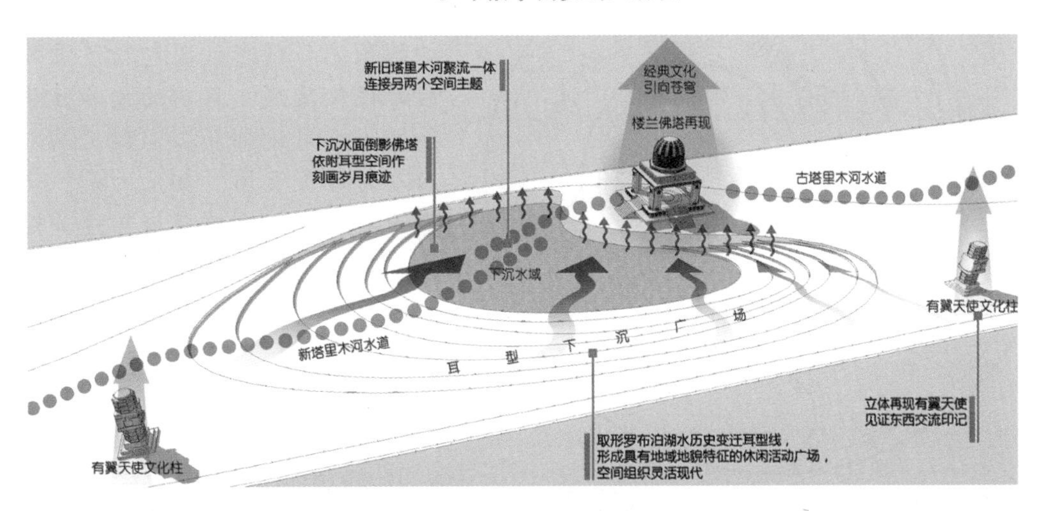

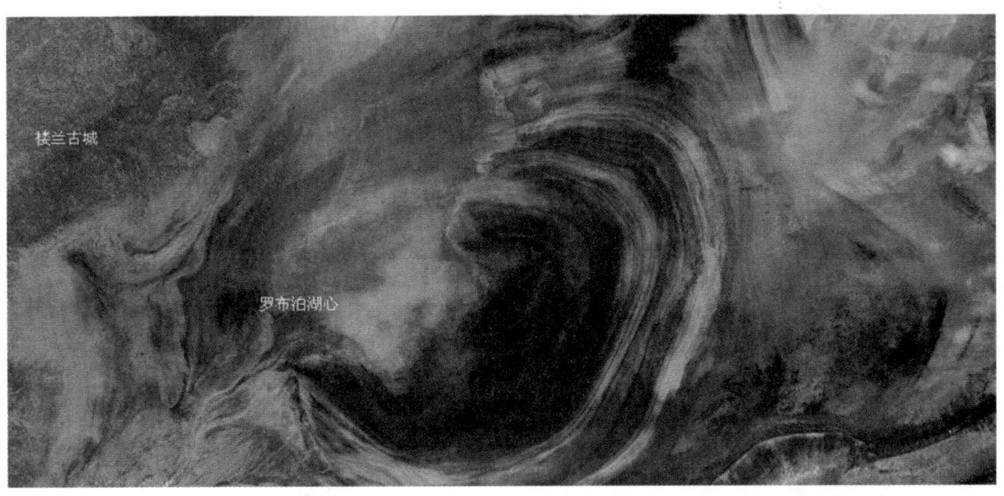

▲楼兰文化公园——“秘境寻梦”空间构思来源/刘清清、黄一文，新疆焉耆，2013

的功能设定也是非常吸引人的。

设计构思可以从空间形式中寻找线索。空间形式可以在场地条件下追求形式美法则，可以是规整的、扩张的，甚至是变形的。空间形式还可以用象征的手法来浓缩和抽象场地自然环境和人文特点。

设计构思还可以从技术条件中寻找线索。技术条件无疑促使了景观设计风格和手段的变革，对于设计构思的启发作用也不可忽视。而往往新的技术最能激起人们的兴趣与好奇，成为景观中的亮点。

3. 构思调整

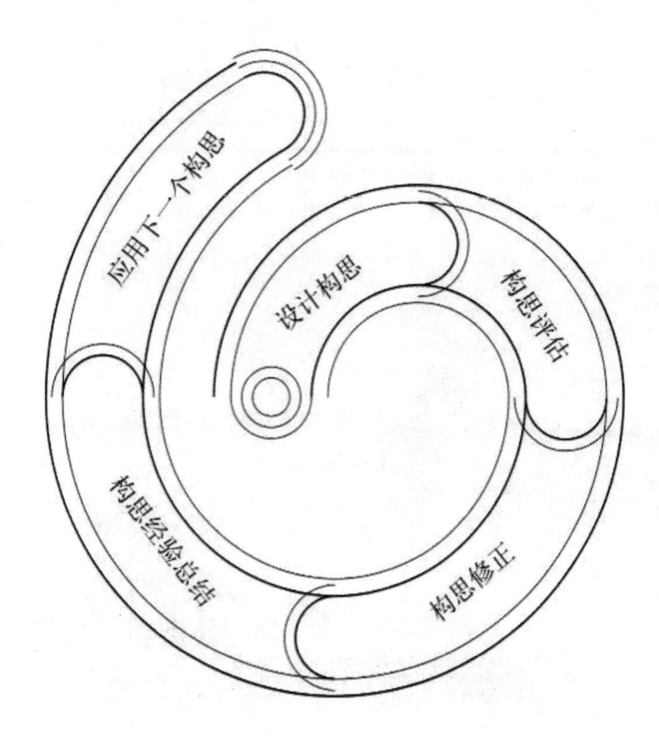

◀ 构建环型图来评估设计创意与构思

◎这种环型设计程序不仅包括设计的预见与猜想，还包括了设计之后的评价反馈。目前的设计程序往往因为公司运作和合同规定而忽视后期的评价反馈。相反的是，使用评价往往能够很好地检测设计设想是否符合使用者的要求，从而更好地进行方案修正和提高下次设计设想的合理程度。

构思一直贯穿于整个设计过程中，并且需要在设计认知不断加深的情况下进行调整，以便提高设计创意和设计品质的清晰度、完整度。调整的情况大致有保留、删除和加强。

保留之前的构思是在设计并未找到最佳解决方式的情况下，保持主要构思而后尽可能地解决剩余的其他问题；删除或者分解一些次要构思，以此寻求是否有更合适的问题解决方式，这是一个富有弹性和灵活的过程，也是拯救之前构思不当的最有效率的方法。这需要设计师具有删除与改变部分构思的勇气，因为往往设计师对于自己的构思是极其珍爱的；加强是针对之前的主要构思的不明确部分予以更加深化的界定与提炼，同时对于次要构思进一步筛选，促进整个构思框架的优化。

设计师应当认识到，保持、加强和优化主要构思远比维系所有主要和次要构思要重要得多，这是在面对设计过程中构思所遭遇的困难所必须做出的妥协。当然，任何设计师都不愿意主动或者被动地推翻整个设计构思，这无疑是痛苦的。这可能是由于先期的构思不能适应场地环境需求，无法发展出后续性的细部设计；也可能是由于设计过程中客户需求、场地条件等发生重大改变，尽管之前的构思是正确和合理的，但是目前的困难与事实更需要去面对和解决。

运用一个构思就能同时解决很多设计问题是再好不过了，或者说以最少的构思解决最多的问题无疑也是最有价值的。但事实是，上述目标很难达到。这就需要设计师构建一个由大到小、由抽象到具象、由无形到有形，以及由理论到实际的涵盖多个主要和次要构思层级的构思框架体系，即每一个构思能引发下一层级构思的细化，而下级构思能使上级构思更加完整。同时，景观建造以后的使用与评估是一种非常有效的反馈手段，这一点往往被很多设计师所忽视。

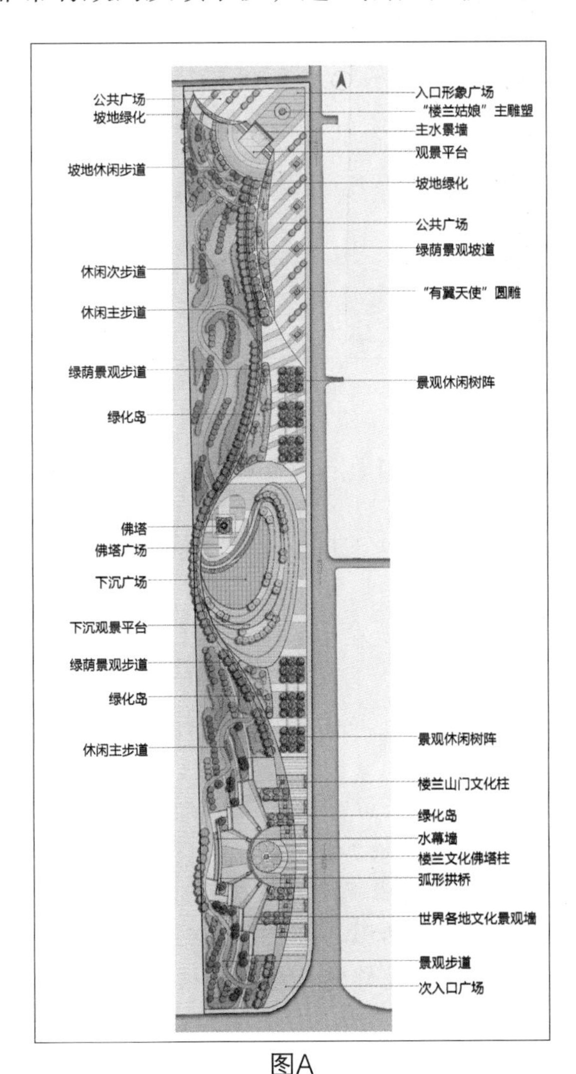

图A

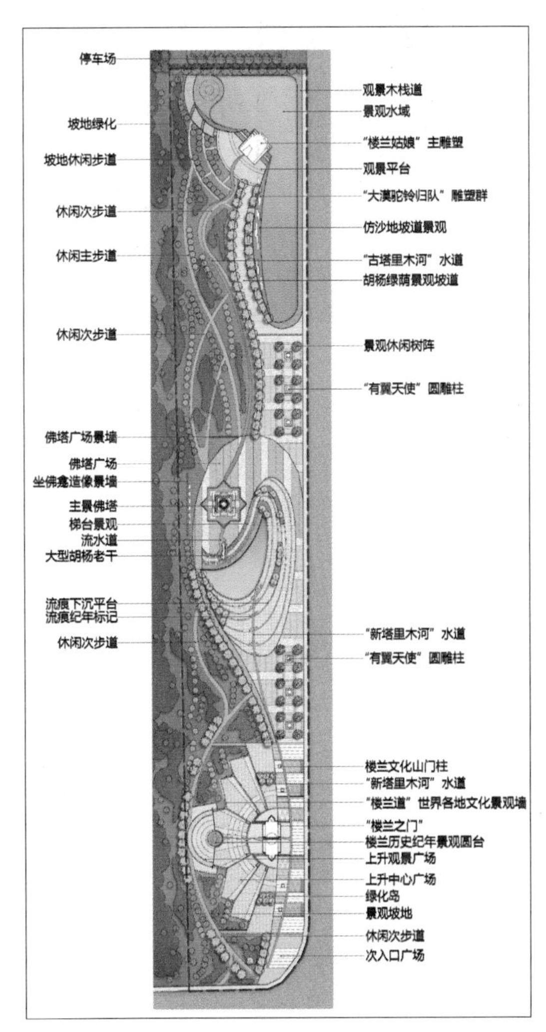

图B

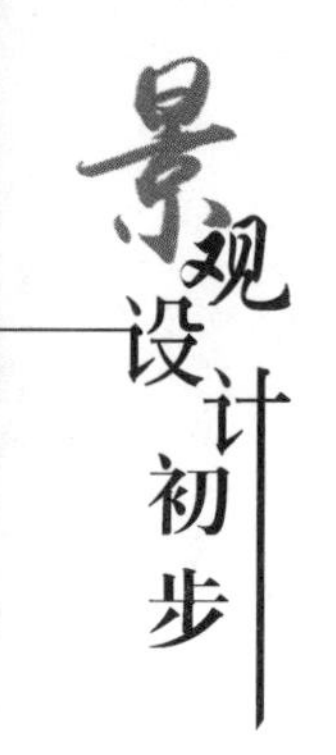

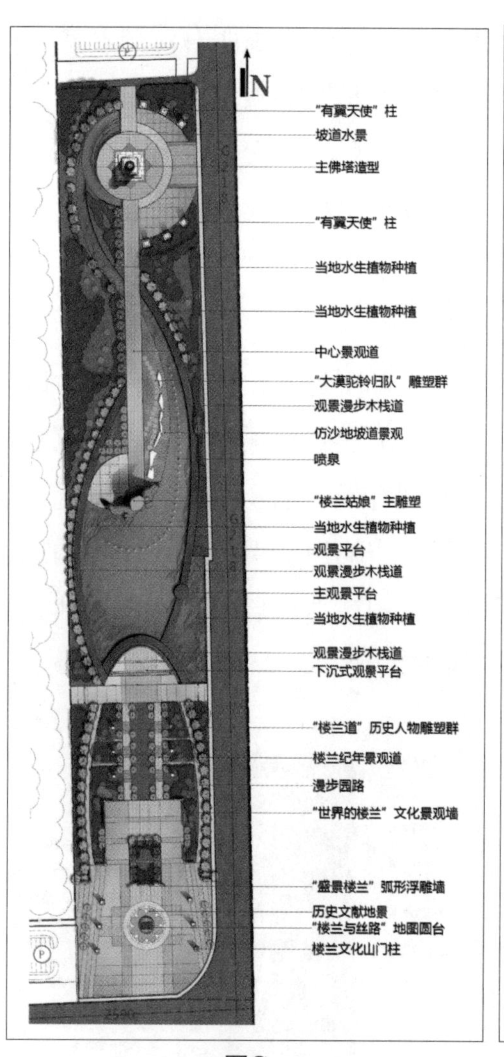

图C

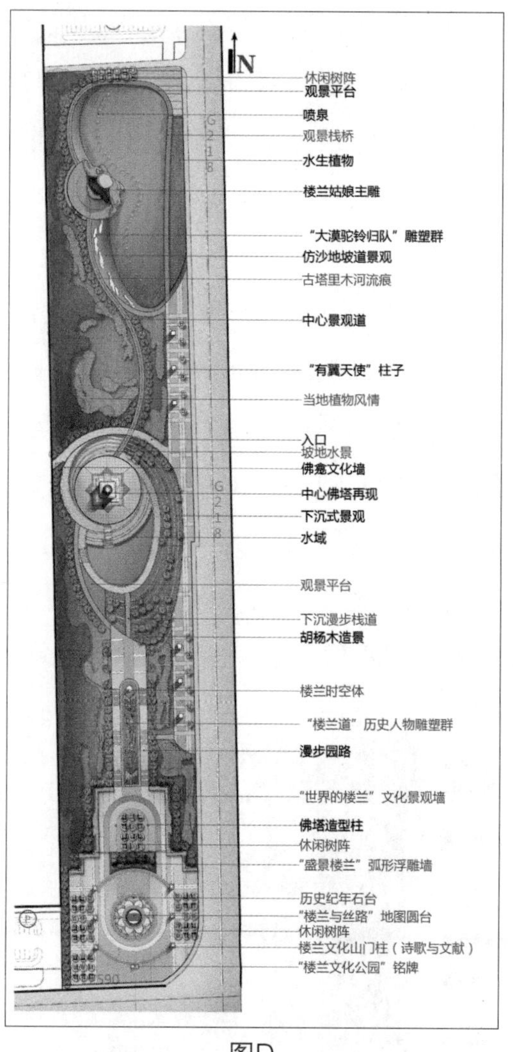

图D

▲ 楼兰文化公园——构思调整/刘清清、黄一文，新疆焉耆，2013

◎图A：为最初的设计方案，基本奠定后期实施方案的基本格局，注重的是宏观空间布置，细节上比较粗糙。

◎图B：为了突出水带的作用，新增了水域，增强了景观在主题和形态上的连贯性。新增了与主题更加贴切的文化符号。

◎图C：空间格局调整较大，南北轴线关系明确。后因水域面积过大不符合选址条件，以及主雕朝向等问题舍弃了此方案。

◎图D：为最终实施方案。方案适当增加了水域，并保留前一方案中的南入口广场朝向，缩小了广场尺度，新增了文化景墙，使之亲和力和阅读性加强。

◎可见，方案构思的调整一直持续到最后，中间也可能出现反复与否定，甚至到最后定稿也是有很多商榷的地方。其中源起可能包括了现场条件的深入分析、景观形态的优化、工程时间进度要求、方案评审意见与设计立场等方面。但是作为一个工程项目是有其自身的时间性的，作为一个设计历程是不断更新与优化的。

——设计专题：速写本

景观设计师必须具备艺术审美和绘图能力，而设计过程又是一个思考的过程，如何记录日常所见所思呢？毫无疑问，一本随身携带的速写本是个很好的选择。这本速写本可以是对日常景象的写生，也可以是检验和记录思考的设计草图，是手脑互动后的智慧载体。

绘图其实是一个视觉思考的结果，提供的是一个观察世界的方式，而非与景观毫无关系的单纯艺术作品。绘图可以通过各种技术和媒介从不同的特征、角度来表现一个场景的独特之处。而且，绘图是锻炼直觉的最佳方式，同时可以提高设计师对于事物的敏感度和景观的空间感。此外，绘图可以帮助设计师把景观元素提炼后转换为具有表现力的图形符号组合，也是展示设计师绘图风格和观察结果的最好形式。最重要的是，绘图可以是收集、记录创意的载体，也是激发创造力、挖掘创意的重要突破口。

写生可以使设计师提高观察的细致程度和加深对于事物的理解。写生可以是对某一个瞬间场景作简单印象记录，不需要分析。这种简单的记录往往体现了设计师对于空间的第一印象，也是非常令人难以忘记的。写生也可以花费几个小时来画一朵花，这样就可以很充分深入地理解它的结构与特性。

设计草图虽然并不能直接作为设计成果与客户交流，但是草图的价值在于可以让设计师清晰概要地认识到主题创意与空间设计之间的关系。这种草图往往是对灵感随时随地的记录，也可能是深思熟虑、反复推敲的结果。草图还能够拓展设计的视觉语汇，以及有时间静下来进行批判性思考。草图中可以有必要的文字注解。这种注解是非常简短的、生动的，作为设计参考和启迪灵感的信息被记录在绘图周边。

绘图的内容可以与景观相关，也可以与景观不相关。不管是花草、蚂蚁、云彩，还是某一个遇见的人、与客户的交流过程等，都可以记录下来。形式与媒介也没有限制，甚至可以主动去探索各种笔、颜料、纸张和线条、色调、纹理、形体等多种可能性。绘图可以是手绘的，可以是类似博客的网络笔记形式，还可以是手机摄影、电脑绘图等，只要找到手边能记录的任何载体即可。但是，作为不同于纯绘画的景观专业绘图，最好还是进行一些专业上拓展。比如探索景观元素的视觉图示转换方式与形式，捕捉现场环境的时间变化，记录人们交流的规模、活动与气氛，观察不同空间尺度和造型下的景观序列变化，发现场地的历史文化、民俗特征等。

绘图结束之后也不能束之高阁，而应进行必要的分类整理，以便时常翻阅。创意的积累不是一画而过，更不是没有任何前期准备的，而是一个潜意识中不断重复加深和升华的过程。灵感在什么时间出现几乎是没办法预测的，所以绘图过程和整理为灵感迸发营造了一种专业气氛。并且，速写本应该是伴随着整个设计和学习的始终，具有重要而独有的价值。

速写本的作用	场景速写内容
◎坚持速写可以提升专业能力，通过手、眼、脑并用，积累设计灵感和促进设计思路的进步 ◎可以随时思考和试验设计方案 ◎速写是与团队中其他设计师沟通交流的有效方式 ◎速写草图往往可以应用到设计方案展示中 ◎速写不只是图形，可以配用文字，图示文字可以有效地锻炼设计思维 ◎速写可能是未来设计灵感的积累	◎环境条件：天气、植被、土壤、地形等 ◎物理属性：尺寸、尺度、比例等 ◎感官体验：视觉（形态、视距、焦点、图案、光影等）、听觉（风声、水声、人声、动物声音等）、触觉（肌理、质感、粗糙程度等）、味觉（食物等）、嗅觉（花香、恶臭等）等 ◎人文风情：文化符号、事件、访问交谈等 ◎时空变化：建设与破坏、变迁等

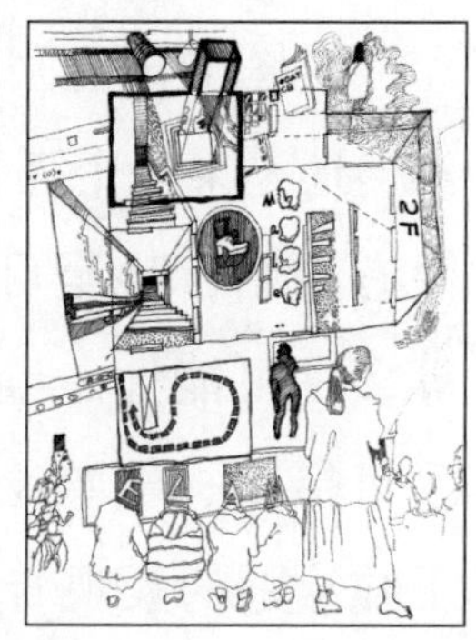

▲绘制：王嘉毅

1.思维特征

①设计构思要基于发散性、多样性与复合性、整体性的统一，最终才解决空间设计和景观内涵的多种问题。

②设计构思针对具体的问题和对象进行高度概括，创造性地设计空间秩序与意义。

③形式语言和设计意义同等重要，因此设计中形象思维和逻辑思维并存且是一个可以相互转换的过程。

④设计思维注重用简单的符号与文字来表述解决问题的方式，其重要表现形式就是草图。

⑤设计思维的深度与广度主要依托的是设计师的实践经验，是个人长期积累和创造的结果。因此，设计思维应该是不断深化的发展过程。

⑥设计构思可以说是一种设计策略，它结合了场地、需求和设计师的直觉，并且呈现出一个动态探索的过程。

⑦设计构思必须概念化、系统化、简单化，这样才能突出描述设计的审美、空间、体验、作用等，具有极强的说服力，也是让客户认可的重要依据。

2.构思来源

①设计构思必须从场地中人的实际需求为基础，这样才能使设计符合场地精神。

②设计构思必须针对具体的场地条件作出问题思考，否则当设计付诸实施时会困难重重，甚至会造成抛弃设计的局面。

③设计构思往往与个人的直觉、灵感、洞察力、价值观和心智模式等密切相关。

④设计构思要依赖于个人的设计经验。尽管这些经验带有强烈的主观性、随意性和模糊性，却是进行设计管理和设计创意的基础和源泉。

⑤设计构思可以从场地优势条件、创新性功能设定、独特的空间形式和相关技术条件中寻找突破点。

⑥概念草图是记录设计构思的重要手段，也是设计师探索空间设计与设计构思

关系的重要手段，它体现了设计师的观察方式、记录景观特质的方法以及景观体验感受。

3.构思调整

①构思一直贯穿于整个设计过程中，并且需要在设计认知不断加深的情况下进行调整，以便提高设计创意和设计品质的清晰度、完整度。

②在设计团队内部或者与客户交流之后的反馈意见十分重要，因为这些意见可能会帮助设计师进一步完善设计构思。

③设计构思并不一定一开始就是确定下来的。设计构思也需要不断地进行保留与删除、修正与加强，目的是为了使设计线索更加清晰，构思层次更加丰富，构思表述更加准确。

④构思调整的基本原则就是集中主要精力解决主要问题。主要问题的良好解决会带来一些系列完整的构思框架。

⑤当然，设计师最不愿意面对的是设计构思被否定。这种情况尽管很少出现，但是一旦出现设计师就要马上重新组织思路，分析构思的主要瓶颈所在。

——观察记录

准备一个速写本，方便随身携带。速写本刚开始不必太厚，可当作日记本来用，只不过这时是通过图形和文字来表现一天的日常。随后可以慢慢地、有针对性地记录设计构思和专业学习情况。尽可能多地尝试各种技法，比如将杂志或者报纸上的感兴趣的内容裁剪下来进行有意思的拼贴。

4.3 设计文本

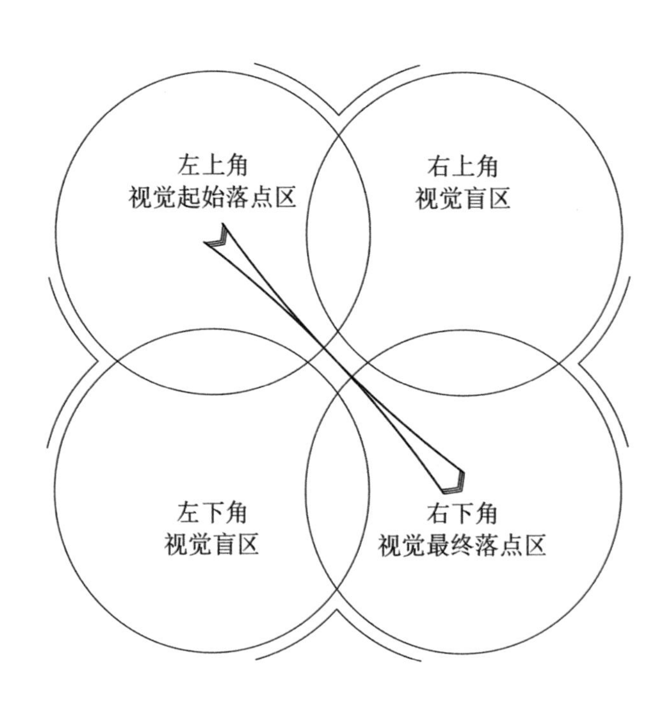

◀古腾堡法则的视觉习惯

◎古腾堡法则（Gutenberg Diagram）认为一般的视觉习惯为：左上角优先，从左到右、从上到下的阅读习惯。左上角是视觉起始落点区，而右下角则是视觉最终落点区，与之相对，右上角和左下角则是视觉盲区。这被认为是视线最自然的移动轨迹。所以，重要的信息往往放在左上方的位置，这样可以让读者更加容易接收到主要以及主旨信息。此外，还有Z形和F形视觉模式。

1. 编排原则

设计文本包括前期的项目设计概要文本、后期的设计成果文本，既是记录设计构思动态、技术实现的重要形式，也是设计表达与交流的重要载体。设计文本的编写是景观设计师必须掌握的技能。设计文本的目的就在于简洁和清晰地将设计内容记录和传达。

在编排的过程中，首先要在有限的时效下保证内容的完整化表达，完整的文本能够使客户全面地了解设计过程和设计成果。其次要对设计内容进行专业化表达。既然是依照景观设计的专业规律和技术开展设计工作，那么设计文本就要从专业的角度对设计内容进行细致、准确的科学表达，这就需要专业的图解符号和运用大量的专业术语。最后设计文本坚持重点突出的原则进行表达。人在接受信息时是有针对性地筛选的。设计中发现问题是多样的，解决问题是复杂的，但是在设计成果信息的传达过程中要注重主要构思和形式设计的表达，因为这是设计创意的重点。只有得到重点信息的传达成果，客户才能有兴趣接受全部的设计信息。

2. 编排内容

项目设计概要文本是在接受设计任务书和实地调研场地之后形成的能为客户提供何种服务的描述。因为有时客户不一定能明确知道他们想要什么或者景观设计师能做什么，这就需要与客户就设计对象和服务进行充分交流。这也为后续设计确定了大致的策略和方向。需要注意的是，景观设计师要尽量避免做出超出职业能力范围之外的承诺。

设计成果文本是设计过程的重要记录，也是最后成果的展示，直接影响到最后设计成功与否。一份完整的成果文本包括设计说明、前期调研、构思创意、空间设计、细节设计、成本概算等几个主要部分。这几个主要部分要注重前后逻辑推演的关联，详细且严谨。

3. 编排版式

文本版式的编排是很有技巧的，是客户取得第一印象好坏与否的关键。尽管文本表达方式有纸质印刷、电子文档、影像虚拟等形式，但是文本版面的视觉传达技巧和效果还有一些共同之处。比如，版面中以专业图样和专业术语为主，不能追求类似海报式看起来具有视觉冲击力的效果，避免空洞、无关、不正确的图文出现而干扰主要设计信息的传达等。

景观设计成果文本基本内容

封面
目录页
一、项目背景
1.项目区位
2.设计范围
3.现状分析
二、设计理念
1.设计原则
2.总体来源
3.设计主题
4.设计构思
三、总体设计
1.设计说明
2.景观总效果图（鸟瞰）
3.景观总效果图（主景）
4.景观总平面图
5.立剖面图
四、设计分析
1.平面形态分析
2.竖向高程分析
3.功能布置分析
4.主题景点分析
5.水景构成分析
6.交通流线分析
7.视线视点分析
8.植物意向分析
9.铺装设计分析
10.照明布置分析
五、分区设计
1.区域平面详图
2.区域立剖详图
3.区域设计构思
4.区域透视效果
5.区域主要创意详图
六、景观元素设计
1.艺术品意向与设计
2.景观设施设计
七、经济技术数据
1.基本技术指标
2.造价估算
封底

以上各点根据实际设计主题可以替换顺序，以突出创意

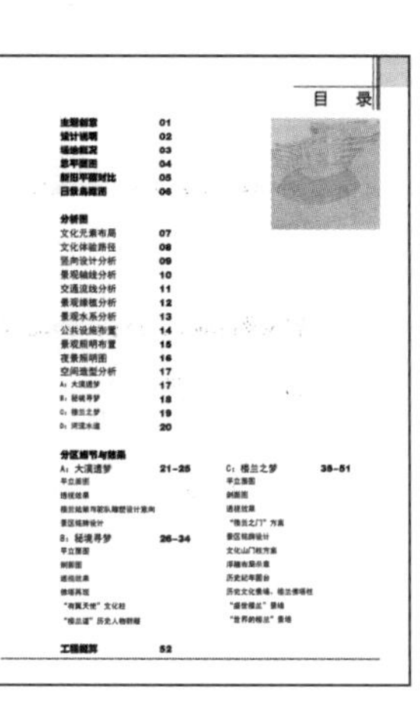

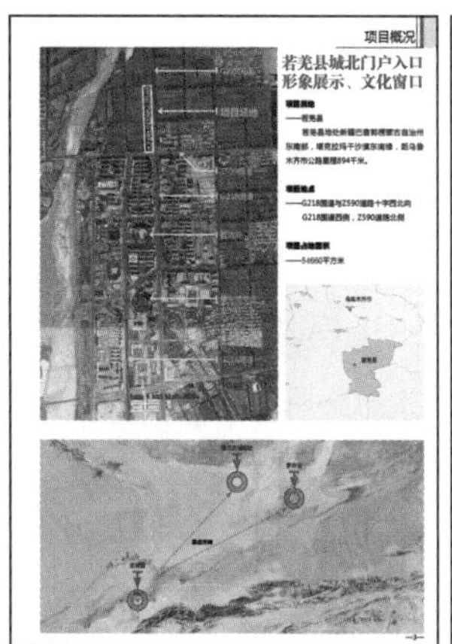

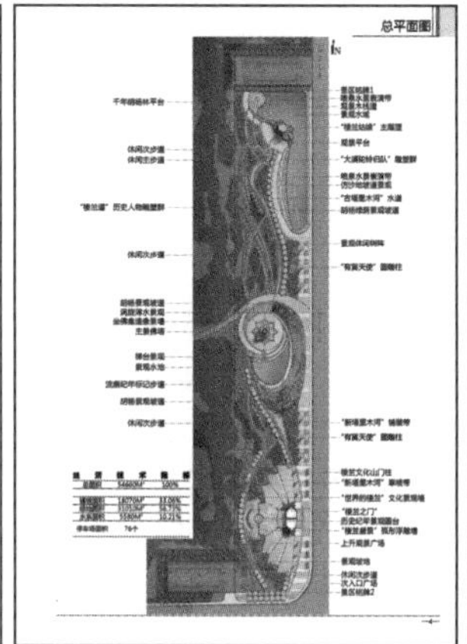

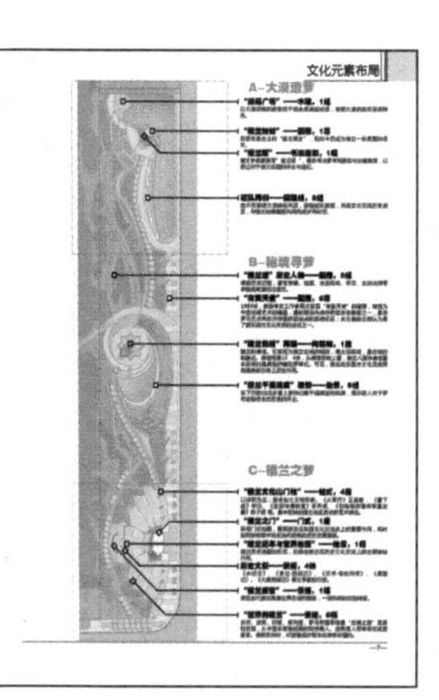

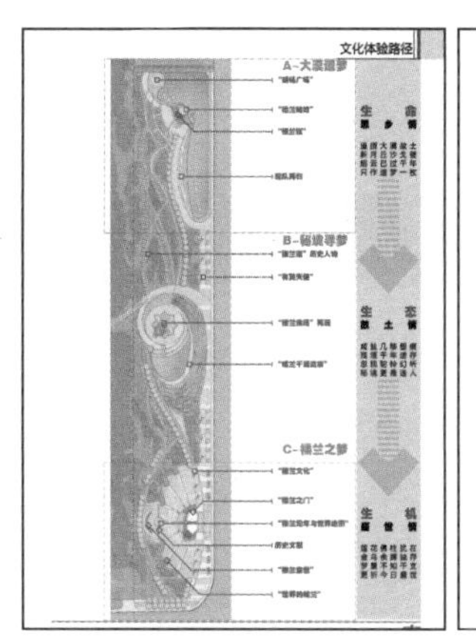

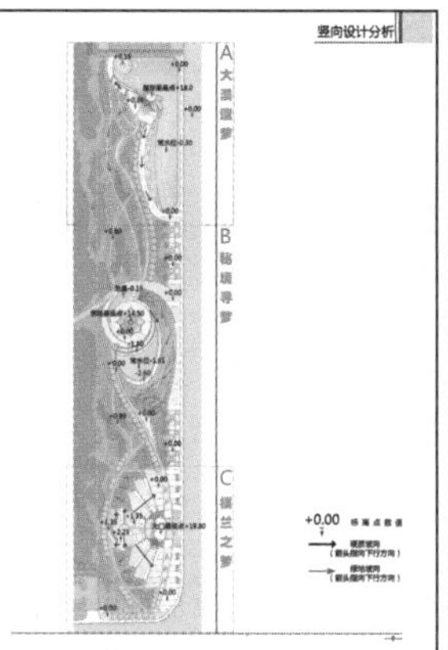

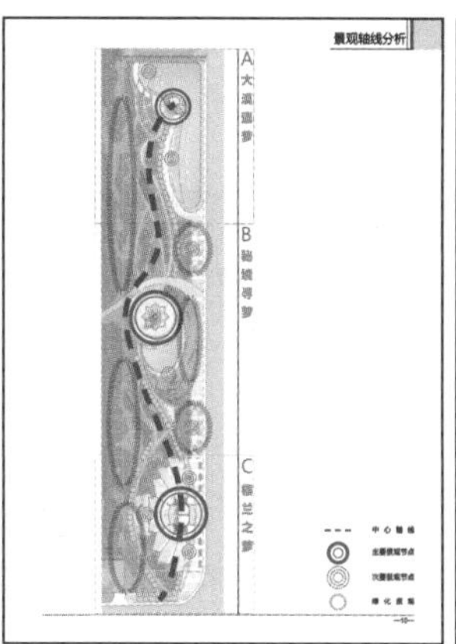

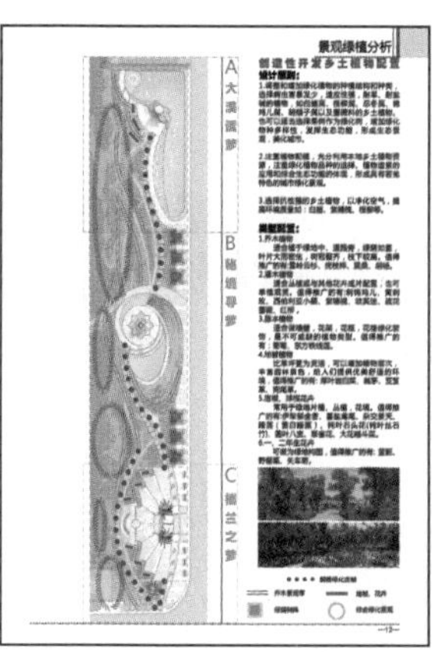

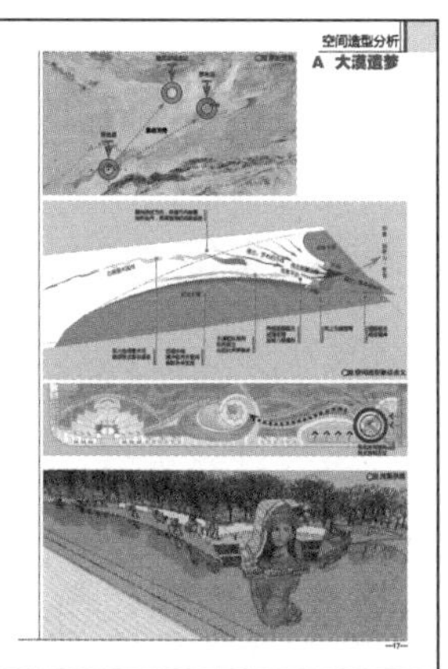

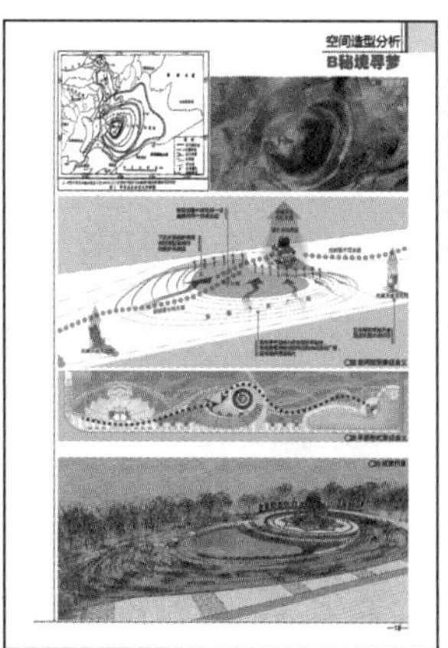

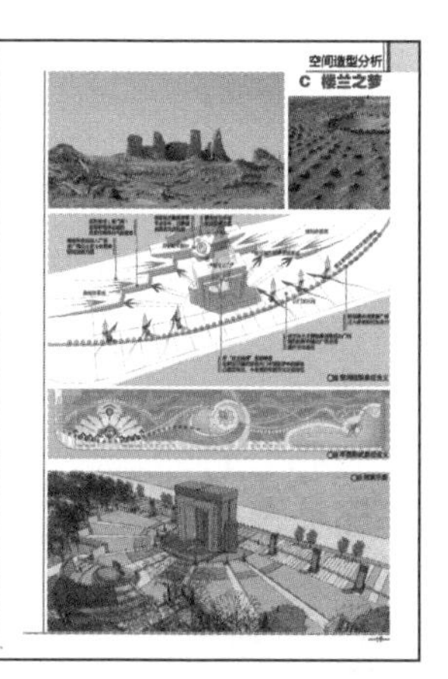

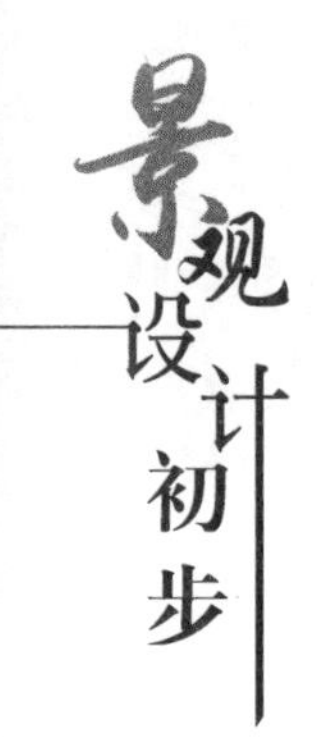

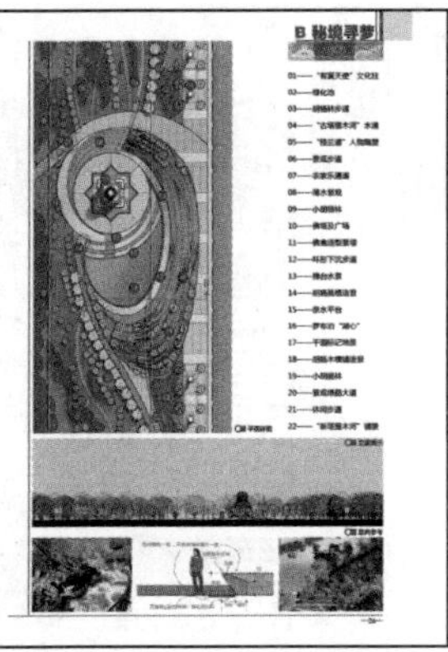

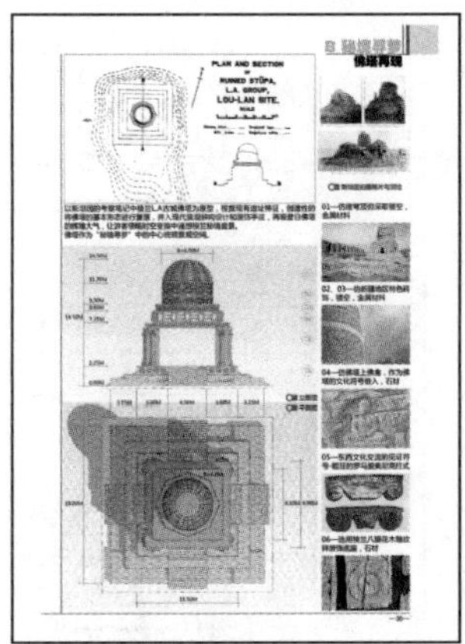

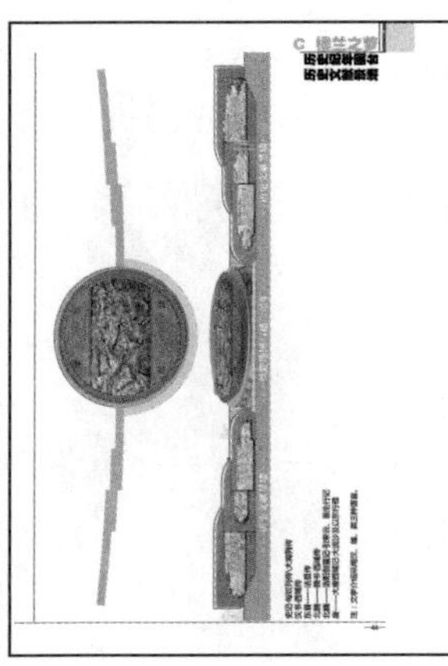

新疆若羌县楼兰文化公园景观设计
工程概算

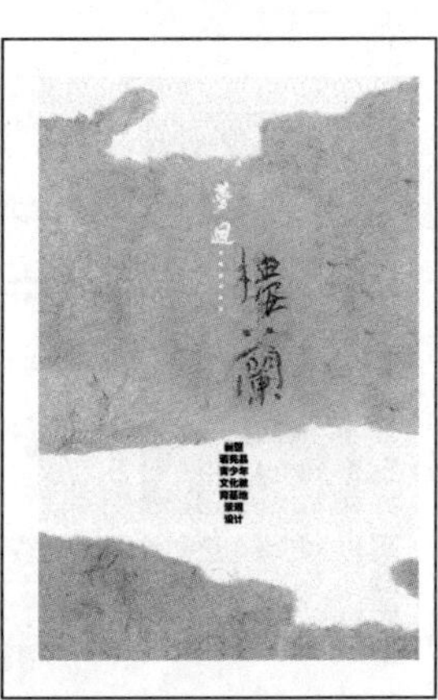

▲ 楼兰文化公园设计方案节选/刘清清、黄一文，新疆焉耆县，2013

——设计专题：作品集

确切地说，作品集不能算作设计项目的文本，但从视觉记录与展示的角度来说，作品集充分展示了设计师的设计技巧和个人风格，也是向客户和雇主展示自我的有利营销工具。作品集可以是一份富有创意的视觉传达简历，也可以是一个团队设计历程的总结。

作品集需要精心构建一个引人入胜的“故事结构”。如何讲好这些“故事”，如何串联这些“故事”，这都是很考验设计师叙事能力的。也就是说，编排技巧很重要，即选择什么删除什么，先展示什么后展示什么，怎么用作品讲述一个简洁而连贯的故事。一般来说，信息接收方比较关注作品集的开始与结束部分。所以，编排上的封面、目录、前言和总结、封底就显得非常重要。而对于中间的作品展示部分可以选择某一种叙事方式，可以是按时间先后安排，也可以按项目满意程度排列，也可以按项目的地域分布来组织等。总之，编排结构以突出设计师的独特设计历程和潜力为主。

在选取内容上，作品集要选择那些与“故事结构”密切相关的、具有强烈视觉冲击力的项目。同时，这些项目的图纸、文字很能反映出设计师的设计能力和专业水准。这时就需要有勇气舍弃一些视觉效果弱和与主题无关的内容。作品集呈现出来的应该是一个完整的富有叙事魅力的内容。

在版式设计上，作品集需要精心安排版式上的图片与文字。这里可以借鉴杂志、书籍与海报的排版方法。其中一个最有效的方式就是利用版面网格，建立一个适用于每张版面和每组版面的展示结构。这种结构可以是统一连贯的，也可以在某些特色之处进行灵活改编。这种网格方法可以很好地帮助设计师理清故事脉络，也有利于对方阅读起来能够在掌握故事概要的情况下进入到设计师设定的故事情境中。一般来说，将主要图片、次要图片、装饰纹样等各类图片样式，以及标题文字、说明文字、图注文字、附录文字等文字样式，统一看作版面中平面构成要素进行排版。

作品集必须是图文并茂的。图片的编排要符合版式网格，做到在符合阅读习惯下合理安排图片位置，保持与其他图片相一致的形状与内容联系。尽量避免把过多的图片安排在一个版式里，以防信息过多而造成版式混乱。也不能为了节省版面而缩小图片，以免图片太小而给人造成设计空洞的感觉。一张不恰当、像素模糊、大小失衡的图片不仅会造成设计表达信息传播的断裂，更有可能毁掉整个作品集，降低对设计师设计水准的判断。而且，文字要恰当使用不同层级的标题与正文文字格式。文字必须尽量精简，筛选恰当的关键词。一个好的文字标题也是极具吸引力和启发兴趣关注的。只要能够说明设计图片的关键点即可，因为图片信息的传播速度比文字快，好的图片自己会讲故事。文字的位置、字体、格式、大小、层级样式等都需要精心编排。图文编排的基本原则就是图片特色突出、文字简明扼要、版式简单灵活。值得提醒的是，有时为了版面构成的美感，有必要裁剪图片并缩减文字大小。但这发生在版面局部和少数版面中，而且是极其谨慎的。

目前，作品集的提交媒介和形式是多种多样的。传统形式就是纸质印刷。这种纸质作品集在排版之前就要预设纸张肌理、大小、装订方式，以及可能的页数，以免造成阅读困难；在排版过程中要注意图片、文字的分辨率，特别要注意图片的颜色格式与屏幕显示颜色、印刷墨水颜色都是有所差异的；而在付诸印刷时可以先打印一份样稿进行校对，或者让同事、朋友进行客观的反馈，在检查没有问题之后可以进行批量印刷。新型形式主要是电子文件格式，可以是Word、JPG、PDF、

PowerPoint、Web等格式，也可以是影像动画的格式。需要注意的是：①在制作、投递、传送之前一定要询问对方的阅读条件（文件格式与大小要求），避免对方无法打开文件而流失机会；②一定要注意在保护知识产权的前提下提供清晰的图文，以免造成版权纠纷和阅读障碍。当然，还可以利用注册博客、制作个人网站的形式来展示作品，充分展示设计师的设计想法、灵感来源与工作状况等。

◎制作备忘录◎

策划编排：

◎作品集最好根据不同类型的项目来分类。项目数量不宜过多，每个类型挑1~3个。

◎没有必要展示所有作品细节，只展示最好的部分。

◎可以先排布最近项目，如有独特想法的方案应当排在靠前的突出位置。时间顺序排列一般不可取。

◎重点项目可以多占版幅，切记不要安排每个项目以固定页数出现。

◎第一好的项目排在首页，第二好的项目排在尾页。

◎文字部分一定要简练、简短，并分点精准描述，不要拖沓和重复。

◎可以制作两个版本，第一个精炼些，突出重点，10页左右的篇幅，第二个是更加详细阐述方案与设计技能的版本，20~30页。两个版本都必须突出展示个人优势。

图纸内容：

◎可以罗列项目简介、大概造价、项目日程表、完成阶段、设计团队、自己的工作任务以及设计思路等，但务必简明扼要。

◎最终效果图可以有，但是不必要。太过成熟或者华丽的效果容易让对方怀疑是否自绘。除非注明自绘。

◎作品集应当选用展示设计技能的图样，包括手绘草图、项目的分步骤设计图纸（如线稿、参数化设计截图）、快速渲染概念图、施工图和构造样图等。

◎特别要强调设计师在设计过程中所负责的任务与内容，让对方清楚地了解其设计能力。

版面效果：

◎封面为整个作品集奠定了一个基调。独特、简洁、醒目的图样、颜色和纹理搭配至关重要。

◎选用简单、基础、经典的字体，方便对方顺利阅读。字体类型一般最多选3种：大标题、解释文字、注释。特别字体或者艺术字体慎用，除非完全自创，但不宜过多出现。

◎一个版面中图要精，不要多，注意留白，保证良好的阅读节奏，切记不要页面堆积图样。

◎版面分割一定要简洁，不要太多颜色、线条或者滤镜效果。

◎版面要统一页边距与页码、大标题位置、风格（线条、色块等），局部跳跃不宜多，要保证版面的统一与灵活，让对方感觉很干练、精致。

◎最好打印一份样稿进行校对和审阅，检查图文是否错误，并调整版面整体效果。最后打印的时候最好自己前往并盯紧，这样能够及时发现图文打印错误或者色彩偏差。

◎最好能多预留时间，避免太过匆忙造成不必要的错误。即使有错误也还有时间可以修正。

后期投送：

◎按对方要求正确地命名文件，不要乱命名。

◎精简作品集，必要时在保证画质情况下压缩文件大小，节省对方工作量。

◎如果投递电子版，要提前确定好对方能打开的文件格式与设备；而如果投递纸质作品集，要选择高品质的打印机器。

——设计导则

1.编排原则

①设计文本是设计交流和设计展示的主要形式，其目的就在于简洁和清晰地记录和表述设计内容。

②设计文本编排必须完整地记录设计内容，因此文本组织框架十分重要。目前已有成熟的专业框架，也可根据具体的设计构思和创意提前抓住客户兴趣。

③设计文本必须是体现专业设计水准的，而不是像畅销书那样通俗，也不能像杂志那样花哨。应当是对设计内容进行专业、科学、细致的表述。

④设计文本在完整表述的原则下凸显重点方面，并安排在明显的位置，这样才能在第一时间让客户留下深刻印象。

2.编排内容

①设计概要文本的主要目的是交代设计师所提供的服务内容，为客户介绍设计流程，以及提供在设计过程中设计师与客户交流的注意事项。

②设计成果文本包括了设计说明、前期调研、构思创意、空间设计、细节设计、成本概算等几个主要部分。这几个主要部分要注重前后逻辑推演的关联，详细且严谨。

③设计文本的内容并不是一成不变的，要视具体的客户接受程度和方式，以及具体项目的设计构思与主题来定。

3.编排版式

①设计文本应当以一种合适的版式与风格来制作，并与设计主题和构思相一致。

②设计文本要以简化的图文为特征，使用标识简单、色彩简洁的符号系统，视觉冲击力强和表述准确的图像，以及少量文字信息进行排版。

③设计文本的整体版式要辅助设计构思进行布局，选择合适的叙事顺序进行完整的展示。

④良好的版式结构有助于帮助设计师和客户厘清每个设计部分的关系、层次结构信息、图文平衡以及叙事顺序。

⑤版式网格是非常有用的一种形式。网格在版式中当作一种指示线而非强制规则。

⑥文字的版式位置需要谨慎考虑。段落文字可以作为面块形成版式构图，关键词要恰当地融入图片当中。文本正文部分不宜出现大篇幅的文字。

⑦文字的层次关系十分重要，可以通过字体、大小、颜色、间距等方面进行分层，并引导阅读时的视觉运动。

⑧图片的位置既要考虑与其周边图片的独立关系，又要考虑与相同类别图片的一致性，也要注意其余相关图文之间的顺序。

⑨在文本版式制作之前，要对印刷制作技术，如文本面幅大小、装订方式、打印色彩模式等有一定的预判和设定。最好在打印最终版本之前先打印一份样稿，以便改正出现的问题。

——观察记录

①选择几套完整的设计汇报文本，观察其版式特点，特别是对线条、颜色、肌理、图形设计，文字层级、大小、字体的组织，以及图片的选取、组合与占幅大小进行仔细的观察，总结其中的形式规律与设计创意的关系。

②收集设计汇报文本、竞赛文本、报告文本等，比较不同文本基于受众、用途而在版式上存在的差异。

4.4 表现技术

◀ 2017世界建筑节（WAF）：首届建筑制图奖——年度最佳制图

◎ 总奖项的优胜者是Jerome Xin Hao Ng的Momento mori: A peckham hospice care home，这个作品是 Ng 在伦敦大学学院Bartlett 建筑学院的毕业设计的一部分。评审表示：“（这个图）极佳地传达和表现了从建筑屋顶向下的俯视透视视角，值得称赞的是它的技术技巧以及敏感度，它描绘了在这样的机构中空间作为为了多代的社会交互的一种设置。”

1. 表现原则

设计表现目的就是以恰当的图文来传达抽象的设计构思和具体意图，其实是在设计方与客户之间搭建传播、交流的桥梁。这种表现必须是有效的、准确的，同时也必须是富有表现力和感染力的。设计表现往往要视具体的受众、设计主题与风格等来选择合适的表现方式。

设计师需要依据不同的受众对于设计内容的理解和接受程度来选择合适的技巧。对于团队中的同行交流来说，展示概念草图和方案尤为重要，这时手绘草图和概念模型就是非常有效的方式。对于客户和用户来说，他们与设计师的合作经验有限，难以从专业的角度理解设计，因此简单的手绘特别是数字化虚拟效果图看起来非常具有诱惑力和感染力。这其中也有一定的风险，过于炫技的效果表现往往掩盖了设计内容的真实性，使客户掉进一些职业道德较差的设计师设置的陷阱当中而不能客观地、批判地看待设计内容。对于施工方来说，在指导施工时需要设计师提供一些示意草图来阐释具体设计形式与建造要求，以及提供一些符合制图标准的工程制图以便帮助设计方与施工方达成共识。

设计师还需要根据设计项目的主题构思和形式风格来选择表现方式。设计师最好能够根据主题要求筛选、提炼和确定表现图像的线条、色彩、肌理以及形式构成，以便使构思意向与表现形式达到统一，这样才能给对方留下整体的良好印象。

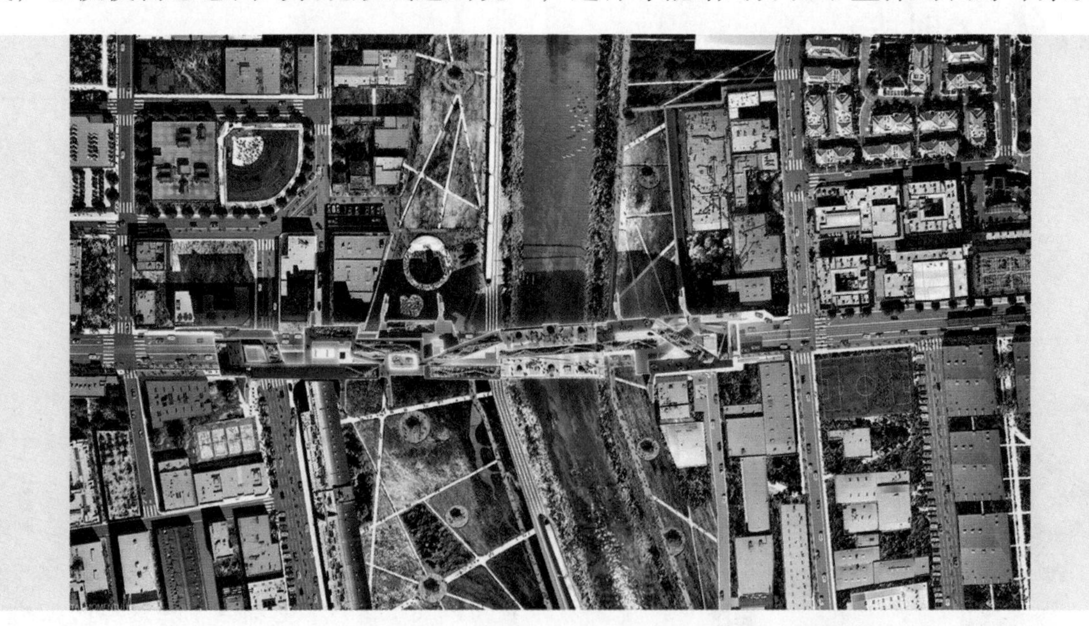

▲洛杉矶河上可居住的桥梁和浮动花园，2017

◎这张图感染力极强，原因在于其生动的立体效果和绚丽的冷暖色彩搭配。

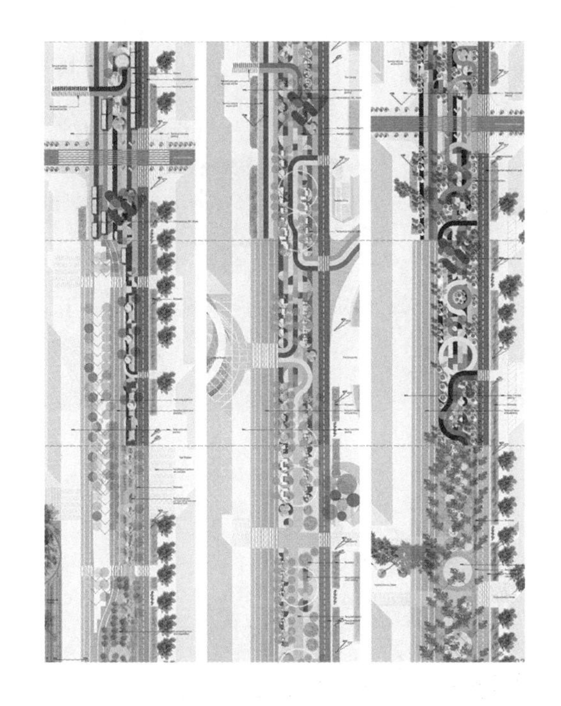

◀ Athens Vrban Regeneration Masterplan by Office of Urban Terrains-Lab，Athens，Greece，2012

◎此系列图纸有别于常规平面图表现，路面的铺装形式近似构成绘画，极好的色彩搭配交代了节点与路径的关系。

2. 手绘表现

在电脑绘图尚未发展起来之前，景观设计表达的主要方式就是手绘。手绘既是一种表现方式，还真实地记录了设计灵感的闪现与设计过程的思考。就这一点来说，手绘依然是当今的景观表现中主要方式之一。如今，手绘在设计初期的构思和意向确定阶段尤为重要，成为设计团队中沟通交流的主要手段，以及与客户进行初步沟通的快捷、高效手段。

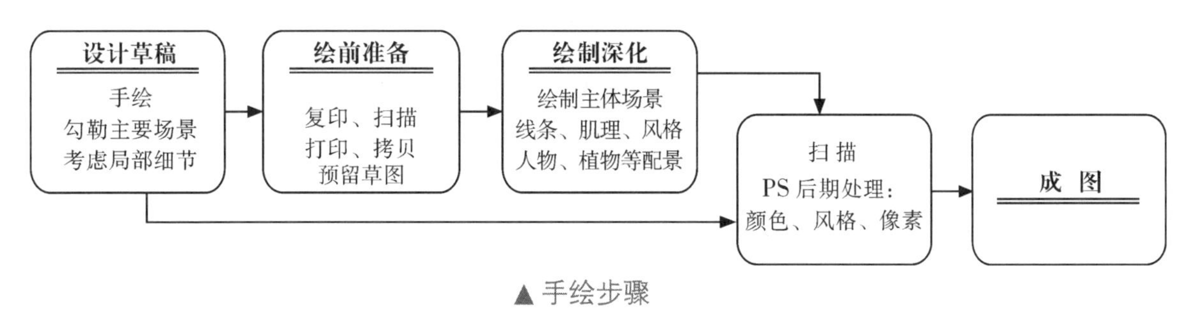

▲ 手绘步骤

◀ 线条表现/刘令贵

◎单色线条可以清晰地展示设计环境要素，不同疏密的线条肌理让画面看起来更加立体。

▶ Hunters View Public Housing Neighborhood Redevelopment by GLS Landscape / Architecture，San Francisco，2011

◎水彩渲染效果依赖于比较严谨的线条框架，尤其注重色彩的饱和度，柔和的色调、丰富的配景让画面非常生动。

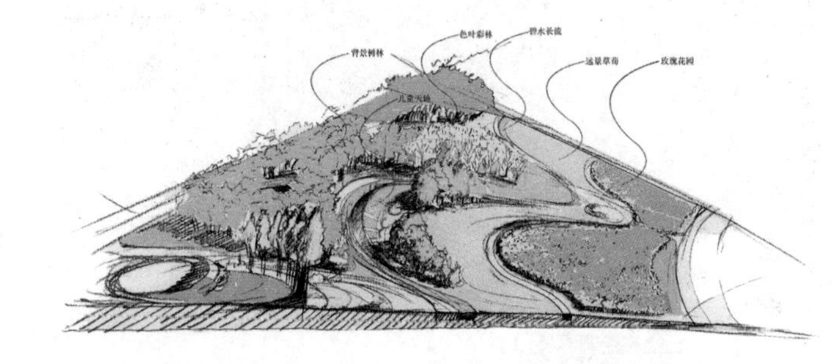

▶ 红玫瑰公园/黄一文，新疆准东，2016

◎这张图快速记录下构思的瞬间，形式感强，元素组织有力。

▶ Camden High Line by Studio Weave and Architecture，2017

◎效果表达要求画面中所有的元素包括线条、色彩、肌理都具有统一的风格。

3. 数字化表达

如今的数字化表现技术发展非常迅速，其优势就在于较大程度地节省了手绘和模型表现需要修改时所耗费的时间与精力，以及依据科学的数字程序能够客观、真实、直观地表现设计内容。作为一种表达技术，优势在于让设计非常高效，且编辑修改便捷。数字化表现效果的感染力和吸引力往往更强。

数字化技术包括了矢量化程序（CAD等）、栅格化程序（Photoshop、Painter等）、三维建模和动画程序（3D Max、Maya、Sketchup等）、建筑信息模型（BIM）、地理信息系统（GIS）、全球定位系统（GPS）与卫星地图、理论可视区域分析（ZTV）等，以及电子摄影技术、影像技术等。

为了更好地使用数字化技术，设计师必须制定一个适合自己的设计表现系统。首先，熟悉各种技术的运用技巧和表现特征，以便可以根据不同设计主题、设计阶段来高效地选择某一个技术进行表现；其次，在前期具备详细充分的场地数字信息，并对这些信息进行分类整理，再输入到具体程序当中使用；最后，设计师可以通过购买、日常积累、授权的方式收集如模型、贴图、配景等素材，建立一套数字化素材库，以便在使用程序时快速进行表现。

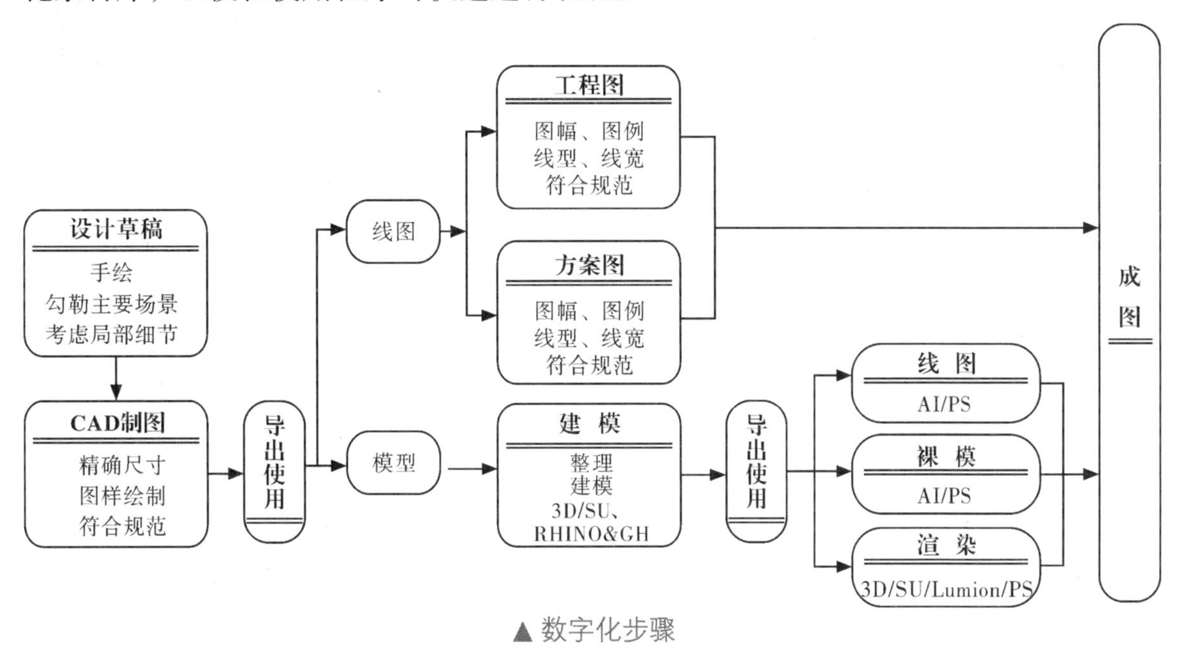

▲数字化步骤

◀上野动物园地图/Haruka Misawa，2016

◎这张近似轴侧的地图极具绘制个性。建筑物都是轴侧线稿，青绿植物给画面增添了不少活力。整体看上去犹如动物园的真实场景。

▲ 楼兰文化公园佛塔效果/刘清清、黄一文，新疆焉耆，2013

▲ 金厂峪入口广场/刘清清，河北迁西，2014

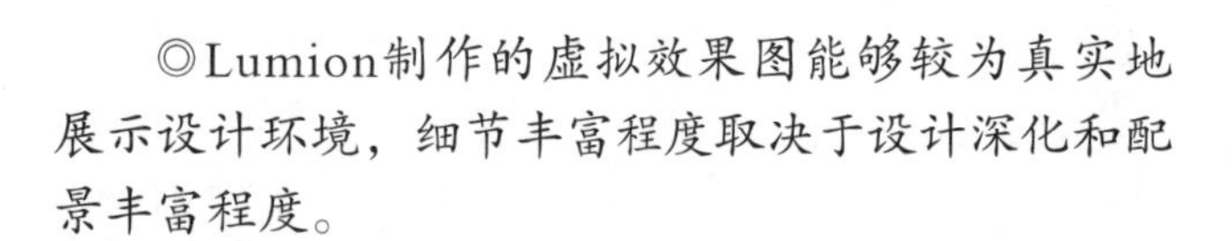

◎Lumion制作的虚拟效果图能够较为真实地展示设计环境，细节丰富程度取决于设计深化和配景丰富程度。

◎Sketchup出图效果的最大特征是带有轮廓线。这就需要在后期添加配景之后再加一层查找边缘的滤镜效果，才能使整个画面风格一致。

4. 模型展示

设计模型往往受到商业模型逼真、营销噱头的影响，在设计过程中的推敲作用却被忽视。其实，设计模式从设计初期的粗略到后期的精准，相对于与实景差别较大的二维图像，其三维实体形式更能让对方直接体验，增强对景物的体量、空间的感性认识，形态上也往往具有雕塑特征。

设计模型一般可以分为方案模型与展示模型。方案模型的制作是一个动态过程，因为它可以帮助设计师一步一步地推敲设计构思、修正形态设计、深化空间设计。这类模型看起来比较简单，但其实非常注重设计创意的表达；展示模型一般是在方案基本确定之后充分展示设计成果的时候才使用。这类模型相对比较复杂，也比较全面、完整、直观地展示空间设计。展示模型也是设计后期设计师与客户进行交流的重要手段。

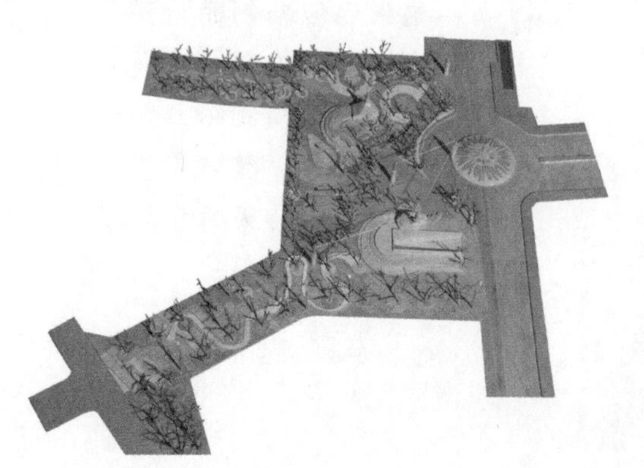

◀ 舞动！西班牙Ricard Viñes城市广场/ Miralles Tagliabue EMBT，2017

◎模型使用了同一色系的不同材料制作。这种比较朴素的效果更能让人关注其形态设计和空间布局。

◀ Valencia Parque Central Design Model, Gustafson Porter，2011

◎对于面积特别巨大的场地，地形表现尤为重要，因为大尺度下的配景显得很渺小，可能会使模型看起来比较零碎。这种近乎浅浮雕的地形表现在交代空间尺度、界面方面十分清晰。

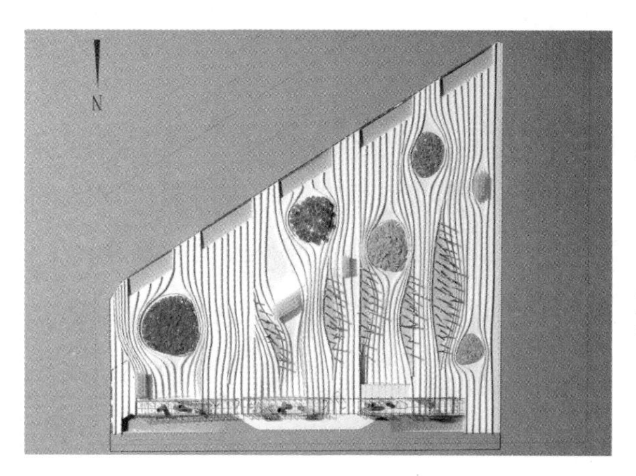

◀ 深圳笋岗中心广场 / 都市实践，2016

◎模型还是要集中表现设计的最大特色之处。简单的配色往往能使模型效果更加生动。

◀ Oui 奥尔胡斯现代艺术博物馆的新景观装置 / Ronan & Erwan Bouroullec，2017

◎精致的造型制作，配合插画式的人物配景、精心安排的光影，整体表达准确，观感清新。可见，模型摄影很重要。

——设计专题：现场展示

最终的设计方案完成以后，景观设计师需要在招投标会、设计评审会或者研讨会上进行全方位的现场展示。现场展示不仅仅是将设计文本、模型或影像陈列出来，绝大多数情况下还需要设计师自己口头陈述设计方案，其目的就在于说服受众接受设计师认为最好的方案。这就需要设计师具有良好的思维能力、足够说服力的观点和现场口才能力。因为设计说到底是一个能够提供服务的商品，如何能让对方认可设计、愿意投资、充满期待，现场展示的好坏往往在最后关头决定了方案的成败。

现场展示时，设计师要根据不同受众的基本需求来调整陈述重点。若是面对商业客户时，设计师就要强调方案能够为客户带来多大的经济效益，包括建设成本与维护成本、回报时间与力度等；若是面对政府客户时，设计师就要强调设计方案能为场地及其周边带来多大的社会效益，包括用地建设情况、文脉传承情况等；若是面对普通用户时，设计师就要强调方案能为用户提供什么样的服务，包括多样活动设定、使用安全性等；若是面对评审专家时，设计师就要强调设计方案的专业独特性，包括功能、造型、生态等方面的持续性。总之，设计师要学会换位思考，从受众需求和接受程度来对展示效果和陈述内容进行必要调整，以便对方能够清晰感受到设计师的开阔思维、专注态度和项目独特性。

在陈述过程中，一定要保持清晰的逻辑思维和时刻突出创意主题。方案设计本身就是一个发现问题、分析问题、解决问题的逻辑推演过程。那么陈述时就可以将这个逻辑推演过程展示出来，并且带有一种从概念到实体的专业态度，这样才能说服对方接受并认可设计。陈述内容的编排可以按照设计文本来进行，也可以根据设计创意和主题灵活调整，打破常规思路进行汇报。需要注意的是，汇报内容要由主分次，由前及后，由大到小，由浅入深，有分述有总结，不能一马平川、一概而论、平铺直叙，毫无重点和激情。另外，对于前期现场条件的汇报一定要把握专业尺度。一般来说，常年以来客户对于现场条件的熟悉程度是设计师短期内无法达到的，但是客户对场地的感性认知未必能达到设计师有条理的专业逻辑思考程度。从这个角度来说，现场条件简单罗列是不可取的，也不能占据宝贵的汇报时间，而是要从专业的角度总结、概括现场条件中的优劣势，为之后设计解决问题方法作铺垫。

除了陈述设计方案，现场汇报之后设计师还需要面对客户的质疑进行辩护。质疑与辩护其实是一种互动过程。设计师在陈述设计方案时不能面面俱到，这在时间上也是不现实的。而是应该在阐述主要创意设计之后留有余地或者选项，让客户参与到探索问题解决方法的过程中。这种调动客户主动性和积极性的做法可以让客户觉得自己对于设计是有贡献的。当然，设计师在汇报之前对可能出现的质疑要有全面的预判，这样才能避免在被质询时自乱阵脚，无法提供令人信服的解释。也可能会出现一种情况，即设计师在陈述过程中被某位客户的质询所打断。遇到这种情况时，设计师需要一种尊重和从容的姿态给出相对简短的回复，或者示意接下来的汇报内容将回答质疑。当然，最好是能够引导客户将质疑放在陈述结束后进行回答，因为设计师始终保持主动性来确保陈述过程的完整性和连贯性。

现场汇报的形式是多样的。目前大多数陈述采用的是PowerPoint文件来演示的，并在条件和时间允许的情况下辅助动画漫游、打印图版和文本、实体模型等表现手段，这样才能既生动又全面地调动客户的想象力来理解设计方案。一个好的演示文件是经过精心规划制作的，图片、文字、动画都是与设计主题、创意紧密配合的。

现场展示时汇报人员（往往是设计师自己）要具备一定的演讲口才。陈述时尽量语句口语化，使用专业术语娓娓道来。不能照念屏幕文字，没有任何解释和延展；语速不宜过快，力求表达准确清晰，不能含糊其辞；陈述时要注意与受众进行眼神接触，时刻观察听众的积极与消极反应，以便调整汇报内容和节奏。此外，要注意汇报时的仪表和精神面貌。

现场展示时设计师的基本姿态是尊重和自信。一是尊重受众的质疑和反馈意见。不能因为自己是专业人士而自大地认为自己的设计是完美的。虽然受众无法用专业态度审视设计，但是他们的场地感性认知和以往游览经验可能为设计提供不一样的分析问题角度。因为感性经验是空间体验的首要起点。二是要表现出充分的专业自信，这建立在设计师对设计方案全面的宏观把控之上。设计师要相信经过自己专业思考之后的设计方案是最佳的。面对与创意主题相左的反馈意见要给出专业细致的解释，引导受众认可；面对有可能对设计进一步深化有利的意见，要虚心接受。

现场展示能力是设计师的基本专业技能，也是设计师自我营销的能力。这种能力是可以经过日积月累的锻炼实践和经验积累来习得的。设计师可以在与设计团队的日常交流中充分展示和学习交流技能，也可以通过网络互动增强自己的阐述和辨析能力。作为学生而言，可以将导师作为很好的听众来积极展示自己的构思与设计，锻炼自己的设计表达技巧与汇报技能。

1.表现原则

①不论哪种表现技法，设计师都需要在事先根据设计构思、主题、空间氛围来设定表现风格。设计成果表现的图纸都应该在一个统一的样式与风格指导下进行绘制，这样的统一感容易给人整体的深刻印象。

②设计师现场陈述与辩护技能非常重要，直接关系着最后设计传达的被认可度与成功。

2.手绘表现

①设计师必须具备艺术审美和绘图能力，比如掌握如何使用绘图工具和绘制媒介，以及如何构图和确定设计尺度的能力。

②在方案设计阶段初期，草图或者手绘效果往往比起数字化表现更加快捷和自然。

③设计草图是设计师提高空间敏感度和创意个性特征的重要技能。

④设计草图以一种启发性的形式来使概念具备必要的实体形态，使概念更加具体化、形象化。因为概念草图去除了复杂的细节，直接表达出设计的总体特点。

3.数字化表现

①在设计过程中，一般最好先在头脑中完成基本的空间形态与创意设计，之后再用数字技术进行探索与实验，不要一开始就在电脑上进行设计创意的构思。因为，一方面是避免因为技术操作带来的思维停顿、直觉迷失，另一方面是数字技术操作过程可能会对设计构思进行修正。

②数字软件作为一种表现工具掌握起来可能要花费较长的时间与较多的精力，但是一旦熟练后制作出来的效果却是十分震撼的。同时，设计师不能一味地追求对技术的炫耀，而是要更专注地进行设计构思。

③数字化技术的应用取决于绘图基础。绘图形式与绘制规律同样适用于数字化绘图。因为软件开发其实是直接复制了手绘技术与流程。

④设计师需要明晰不同软件的处理特长，并制定一个适用设计表现规律的系统制作计划。一般先在CAD中把空间的基本尺寸与造型等信息确定下来，然后将CAD

文件输入到SU、3D MAX中制作三维模型，确定造型细节、材质贴图、光源设定后进行渲染出图或者制作漫游动画；也可以将CAD文件出图导入Photoshop中制作二维平立剖面等。最后通过排版软件ID或者汇报软件PowerPoint进行最后设计成果汇总。

⑤数字化表现一定要注意图像输出的格式与大小。比如，图片格式有调整大小而不损失图像品质的矢量图和依赖分辨率来设定图片清晰与否的栅格化图片。数字化图像与印刷或打印技术密切相关。设计师必须了解不同图像格式、色彩模式、文件大小等与打印机型号、墨水设定、纸张肌理、打印模式、装订形式等之间的关联，以免造成最终成果呈现的效果失败和资源、时间的浪费。

⑥如今视频已被广泛用于设计表现之中，因为其可以在变换的三维场景中模拟设计理想状态。可以通过现场摄影的数字化处理来实现设计前后对照，是现场可视化的重要方面，借此可以非常直观地判断设计的可行性与准确性。

⑦建筑信息模型、测绘图、航空摄影、卫星图像、全球定位系统、地理信息系统等数据采集和分析式的数字技术将越来越多地在设计中被应用到。数字软件的开发速度越来越快和方便，设计师既要熟悉掌握与自己兴趣、表现风格、设计任务相一致的制作软件，也要关注和尝试新的制作软件，因为新软件可能会给设计表现带来耳目一新的感觉，也可能会在众多表现类比中脱颖而出。

4.模型展示

①模型可以用更加直观、易于实现的方式对设计空间进行全方位的展示，这是其他二维图像难以实现的。

②模型可以研究诸多设计问题，如整体规划的空间布局、场地地形的塑造、空间造型的体量与质感、自然属性的展示等。

③模型其实是设计构思的推敲过程，因此在不同阶段模型具有不同形态。有必要对这个过程进行记录，以便展示空间的推演关系，更好地与客户进行交流。

④在制作模型的时候，可以强调模型的雕塑特征，尽量保证设计意图的简洁明了。往往少量的颜色、简单的造型、简洁的肌理细节更能吸引人。

——观察记录

①建立自己的表现素材库。这需要长时间的积累。平时在查阅资料的过程中，记录一些表现风格和手法独特的图像。并且，要对素材库进行分类，以备查阅。

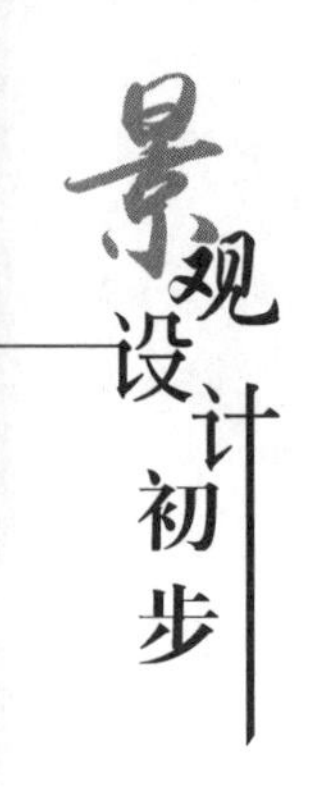

②观看北京2008年夏季奥运会和2022冬季奥运会的申奥现场陈述，分析其文本用词特点与陈述构架，以及口头陈述与图片展示的结合方式。

4.5 专业图样

◀图样选择

◎专业图样有很多类型。对一个成熟的设计来说，每个设计方案的图样都是不一样的，因为每次的设计构思和设计主题都是不一样的。设计师要根据具体的设计意图来选择合适的图样表现。表现时也可不局限于一种图样，可以尝试几种图样对应起来表现。但是要注意的是，图样一定要画之有物。

1. 表现图样

（1）平面图。

景观平面图可以说是地图的一种，即将地面景物沿铅垂线方向投影到平面上，按规定的符号和比例缩小而构成的与真实景观相似的二维图形。在图上应反映出景物确切的形状、位置、方向、大小和相互间的距离，以及区域内各景观元素的关系。

平面图对客户等非专业人员来说，显得难以理解。所以设计师在平面构图时要充分考虑到客户需求和项目建造，突出空间感、景物比例及其周边环境。这就需要选择清晰合适的图形符号来实现，即用图形样式和相应的文字标注来表示如建筑、植被、地形、铺装、水景等景观元素。这些图形符号没有统一的范式，而是要根据设计主题、空间风格等来进行特殊化处理。如为了突出重点元素和空间而选择不同的色度和纯度，线条的粗细，面块的密度和透明度、纹理等，以便更好地表现设计构思。

平面图虽然是二维图形，但还应尽力表现出空间纵深感。这可以通过调整线条的粗细来表现景物的硬度和密度，选择合适的色调和纹理来表现景物的质感。还有可利用平面图上垂直元素的阴影表明景物的相对高度。阴影越深，立体效果越强烈。但要注意的是，要合理设置阴影的半透明度，以免深色遮盖了其他图形。

平面图是具有与真实景观相对应的比例关系，通过此比例关系可以知晓景物的方位与大小。因此，设计师要注意不同比例下的平面图所要表达的尺度大小和细节丰富程度。

◎平面图要素◎

◎具备比例尺、指北针、图名。
◎包含地形、植物、道路、水域、地面、构筑物等内容。
◎根据不同比例设定内容的精细程度。
◎图面风格、效果与设计主题一致。
◎进行必要的分区、地点、创意命名与文字注释。
◎可以突出光影效果。
◎说明与原场地、周边环境的关系。
◎可以加入人物及其生活场景符号，让图面情境感加强。

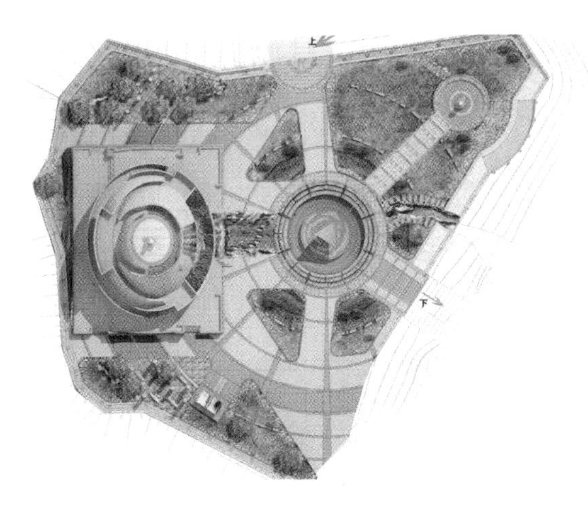

▲ 三峡坛子里景区改造平面图/刘清清（绘制），2011

◎此图模拟真实的立体场景，关键在于阴影大小的细微变化，配景素材的色彩与不透明度变化。

▲ 从基础设施到休闲公园：瑞士Hagneck水电站改造/ Raymond Vogel Landschaften，2016

◎此图将设计线稿叠加在场地卫星地图上，能够较为清晰地判断设计意图与场地条件的对照关系。

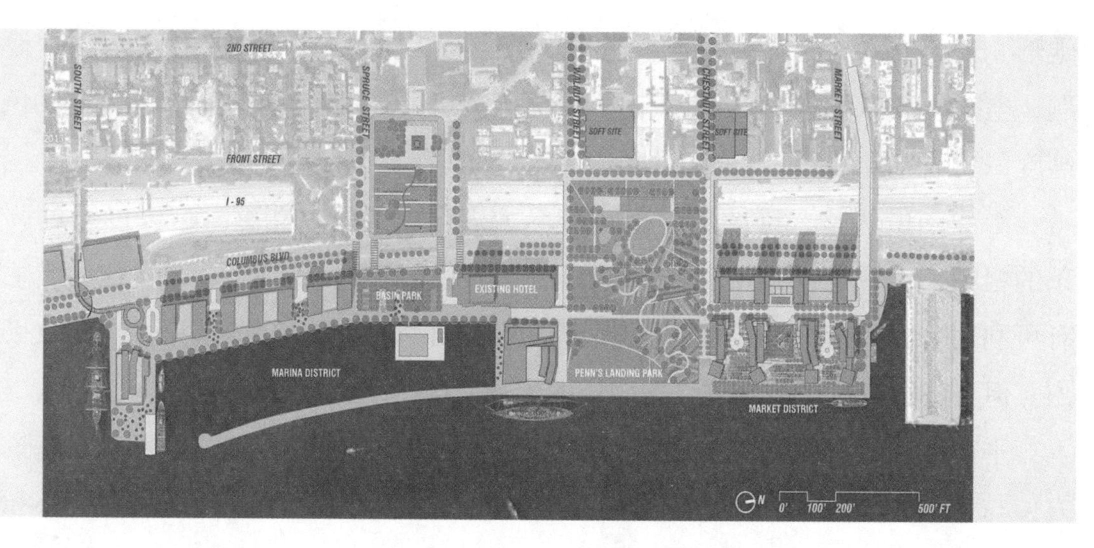

▲Penn's Landing Redevelopment Feasibility Study by Hargreaves Associates，2015

◎此图是以色彩填充为主，不同的色块表示不同的区域与地面属性。

（2）剖立面图。

剖立面图是指景物环境沿水平线方向投影在铅垂面上的二维图形。为了表现垂直向的景物分布，设计师大多会采用将地面剖开来表现剖面线看过去的立面效果。剖立面图中的设计对象也同样是按比例关系来绘制的，但是有时阴影和必要的变形不受比例限制。

剖立面图中地形上的高程变化和空间划分是表现的重点。地面线以下一般都要表示出来土地深度，特别是用不同的线型来表现出对现有地形的改造与旧地形的土地轮廓之间的差异。

剖立面图同样要表现出空间的纵深感，这就需要调整图样的半透明度和模糊度。越是透明和模糊的，越是示意在空间远处。必要时，需要对表示远处的图形进行缩放变形，已符合人的视觉透视规律。

◎剖立面图要素◎

◎一般地面轮廓线或者剖断线是粗线。
◎地形起伏表现要充分、准确。
◎剖断线上元素严格按照比例绘制，远离剖断线的可以是细线、虚景，以便加强画面景深。
◎植物、人物、动物配景要生动。
◎人物的比例至关重要，直接影响画面表现出的尺度感。
◎配置合适的文字标题与注释。
◎可以展现时间变化过程。

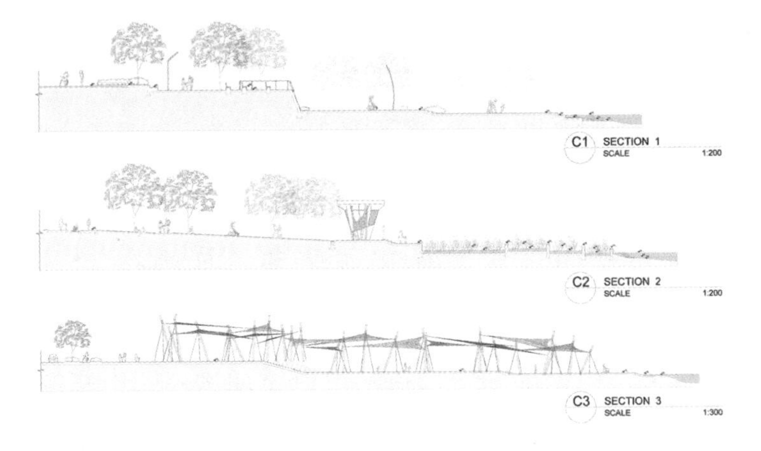

◀深圳人才公园 / 欧博设计，2017

◎这种线稿图遵循严格的比例关系，构筑物的绘制深度决定了画面效果。

◀广东泰康拓荒牛纪念园，SED 新西林，2017

◎此图搭配了较为真实的远山背景，很好地交代了场地环境关系与地形起伏特点。

◀National Mall Winning Design Proposal for Constitution Gardens / Rogers Marvel Architects + PWP Landscape Architecture，New York，NY，2012

◎剖面图结合透视，能很好地表现出断面的构成与运动过程。必要的文字说明和图示增加了画面的可读性。

（3）透视图。

透视图是用二维的形式来表现三维设计。通过透视图，客户可以直观感知到近似真实的空间氛围。并且，透视图总是展示空间设计最佳时段的最佳景象，具有理想主义的倾向。

是否掌握好透视规律是制作透视图的关键。常见的有单点透视、二点透视、三点透视、球眼视图和其他的透视图形式。一般的透视画法有视线法、量点法、距点法等，这些方法掌握起来需要一定的技巧和时间。简单来说，只要使用单点透视或者两点透视的基本原则，用一个网格做参考，在水平线上绘制景物的相对大小与位置。另外，可以通过在硫酸纸上比照场地原照片来进行绘制。

目前，透视图的制作大致有两种主要方式。第一种是虚拟渲染，即通过电脑数字技术或者手绘建立空间模型进行渲染。这种渲染透视图色彩和肌理都十分逼真，能够让人们更直观地看到设计的三维立体效果。第二种是拼贴合成，即把所需的元素从其他照片中剪切出来，而后根据空间设计预想将这些元素拼贴组合起来。这种方式虽然看起来没有虚拟效果那么真实，但是因为图像拼贴可以添加透视图丰富的纹理与色彩细节，更能突出设计创意的要点。

◎透视图要素◎

◎符合基本的透视原理，特别是对于非专业的客户来说更为重要。
◎首先要整体的审视效果，因为第一印象很重要；整体的色调、肌理等要与设计主题、风格一致。
◎其次要有针对性的刻画细节；不要试图填满所有细节，要根据场所设计选择、突出、优化那些符合主题、彰显创意的细节；多、满不一定有益于设计表达。
◎画面构图与摄影技巧相通，要有近景、中景和远景之分，创意设计局部要放在显著位置。
◎画面感要强，特别是植物、人物素材的使用，往往直接影响着透视场景是否具有生气、活泼的气质；尽可能不要使用常规、滥用的素材，注重平时积累一些特别的场景与素材；素材比例要符合场景尺度；素材组合最好突出特定时节和展示事件的故事性。

▲ Third Bosphorus Bridge Park by Melk, Istanbul，Turkey，2016

◎图中栈道被赋予了材质肌理和色彩，与蓝色的水面形成了冷暖对比，其他环境要素作线稿处理，这样更加突出了栈道的形态。

▲ 美国巴吞鲁日湖区总体规划 / SWA Group + CARBO Landscape Architecture，2016

◎这类拼贴图非常注重景深表达，画面冷暖对比的层次丰富。

◀ 菲律宾阿纳纳斯新社区林荫大道 / Sasaki，2016

◎此图配景包括植物、人物等都十分成功，很好地展示了环境氛围。同时，图示文字对设计创意进行了补充说明，可读性较强。

（4）**鸟瞰图**。

鸟瞰图提供了一种从高空俯视场景的观察视角。这种视角的绘制与透视图很相似，不同的是鸟瞰图中地平线会更高一些。鸟瞰图的高视点拉远了观看者与景物的距离，并用大尺度方式展示空间设计内部的基本结构关系和周边环境的联系，使观看者能够看到整个景观的全貌，这也是一种客户比较容易接受和理解空间设计的表现方式。

◎鸟瞰图要素◎

◎要特别注意天空等背景元素在画面中的占比，因为视点高度不同往往给人开阔、封闭的感觉不同。
◎交代清楚设计场地与周边环境的关系。
◎因为非人视角度，植物、人物等素材的比例要把控好，否则尺度失衡。
◎尽可能展示设计场地的全貌；可以设置某些素材的透明度，以便展示被其挡住的重要设计创意。
◎鸟瞰图可以结合剖面图或者轴测图来更好地展示设计全貌。

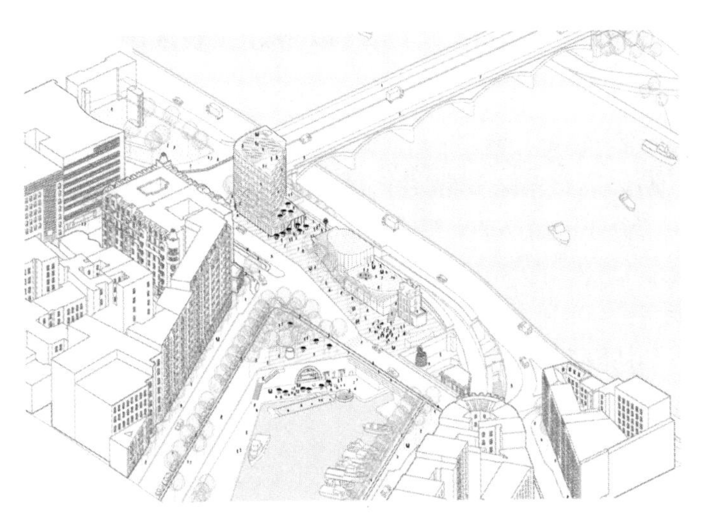

▲巴黎塞纳河岸地块重建项目 / SO-IL Architects & Laisné Roussel，2017

◎轴测性质的鸟瞰图清晰地展示了区内建筑、道路和景观的组织关系，尺度表达也十分准确。

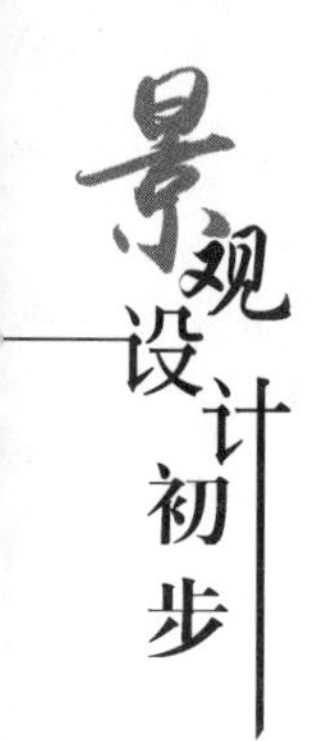

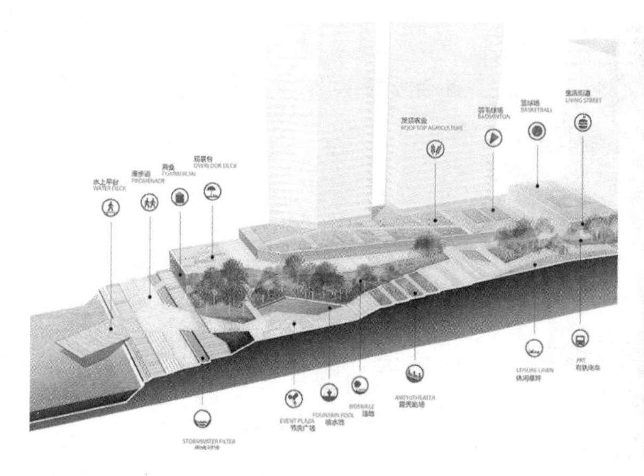

▲森林城市，国际都市新模式 / Sasaki，2016

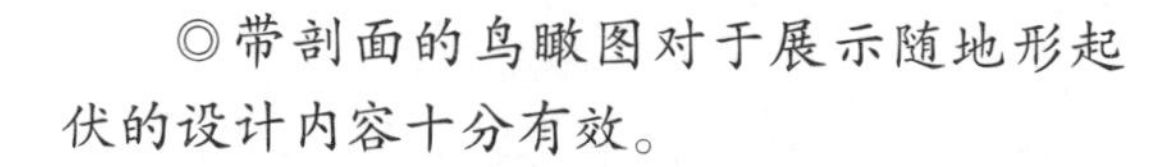

◎带剖面的鸟瞰图对于展示随地形起伏的设计内容十分有效。

▲Seun City Walk by Aoarchitect/Seoul，KR，2015

◎这张鸟瞰的视点不是很高，画面集中表现景深，配景处理也十分具有亲和力。

（5）**轴测图**。

轴测图属于平行投影，它能同时反映立体的正面、侧面和水平面的形状，因而立体感较强。轴测图有类似鸟瞰图的高视点，绘制出与平面图保持相同比例的空间场景，以及场景的每个侧面之间的联系，可以更好地展示空间中Z、Y、X三个轴向上的变化。轴测图根据投射线方向和轴测投影面的位置不同可分为两大类：

①正轴测图，投射线方向垂直于轴测投影面。常用的有正等轴测图(简称正等侧）。正等侧的轴间角都是120°，简化系数为1，也就是说三个轴向都是按照等比例画出来的。因而此图看起来更加真实，并且因为其视点较高、视野较大，特别适合表现底面或顶面的详细设计。

②斜轴侧图，投射线方向倾斜于轴测投影面。常用的有斜二轴测图（简称斜二侧）。斜二侧的轴间角为90°、135°、135°，其在Y轴向上会以0.5倍的等比例缩减，X、Z轴等比例不变。因而看上去此图会有些不自然，但是可以很好地表现出侧立面的详细设计。

◎轴测图要素◎

◎轴测图特别适用表现局部中小尺度的细节设计，如用于大尺度表现要特别注意避免“视觉”上看起来的不自然。

◎在众多类型的轴测图类型中，选择最能完整、准确展示设计的。

◎轴测图对于展示几何特性较强的空间形态比较直观，而对于曲线形态表现比较复杂，这可借助必要的软件参数设置得到基本图样。

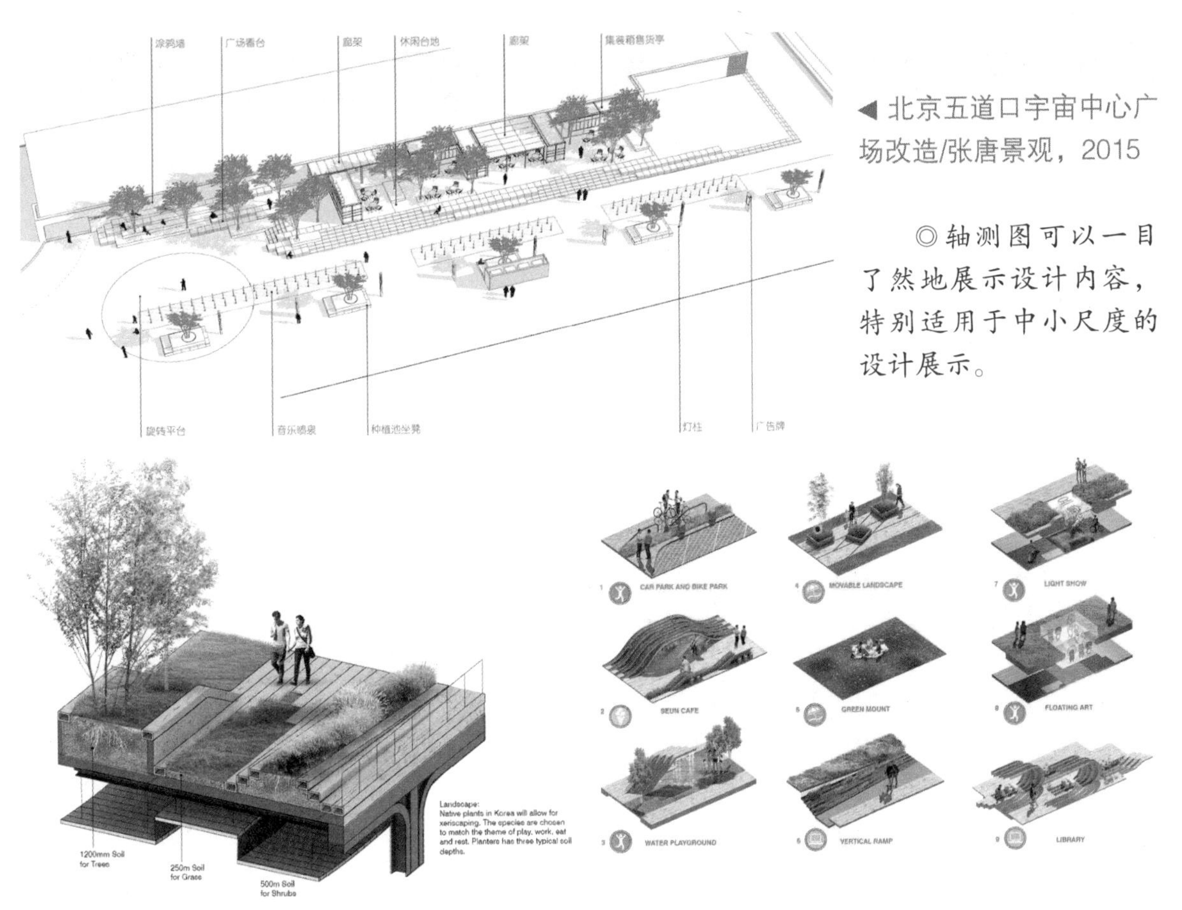

◀北京五道口宇宙中心广场改造/张唐景观，2015

◎轴测图可以一目了然地展示设计内容，特别适用于中小尺度的设计展示。

▲Seun City Walk by Aoarchitect/Seoul，KR，2015

◎轴测图可以与剖面图结合，表示细节构成。

◎选取统一比例，使用轴测图阵列可以详细表示出设计的局部细节。

（6）分析图。

分析图是选择平面图、剖立面图、透视图、鸟瞰图、轴测图等其中一种作为底图，在图上用简单的图形符号、必要的文字标注补充来图解设计意图或实施技术等。分析图是考验设计师的设计思考力的重要标准，因为其反映出景观设计灵感源头和景观设计方案推敲过程。在分析图中信息传达的精准性与视觉上的美观程度将一定程度上影响整个设计作品的最终评价。景观分析图包括场地区位分析，现状分析，地形地貌、气候环境、建筑、功能分区、人流流线、景观视线分析，景观利弊分析，景观投资分析等。

分析图中的图形符号一般用非常简单的几何图形，如点线面来指代相应的分析要素。文字标注要精简文字数量，缩短语言，选择合适的关键词与标题来描述分析要素。需要注意的是，景观分析图要避免片面追求形式效果，图形文字言之无物而没有内涵，故弄玄虚而没用重点，导致设计信息传播的混淆。

◎分析图要素◎

◎分析要点众多，每个要点要切中分析，避免不知所示。
◎分析图形简洁，组合次序明确，色彩简单。
◎分析图分析要点牵涉到的景观元素可以做特殊处理，包括颜色、肌理、透明度等。
◎分析图可以结合实景图片进行绘制，以便明确方案与现场条件的关系。
◎文字尽可能简短，数据表格整齐准确，都可视为画面构图元素。

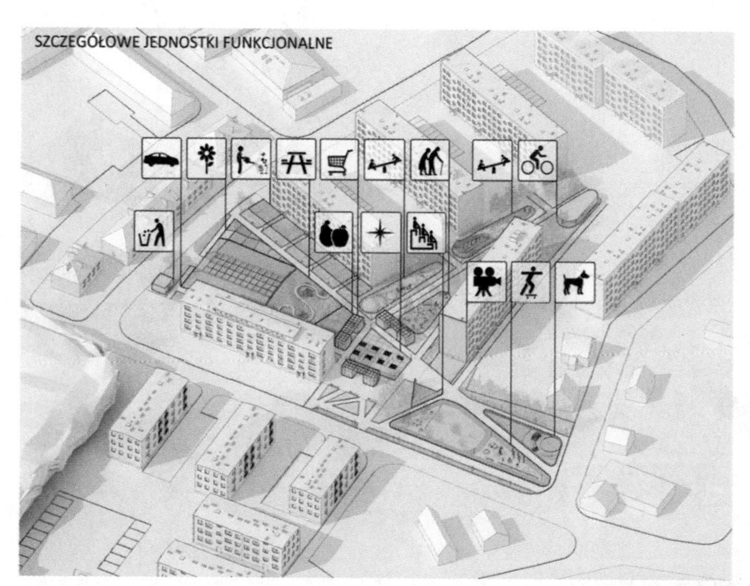

◀ 荷兰某小镇绿地功能分析图/Square Redevelopment in Kuznia Raciborska

◎图标功能图：简洁的图标让功能一目了然，阅读性强。

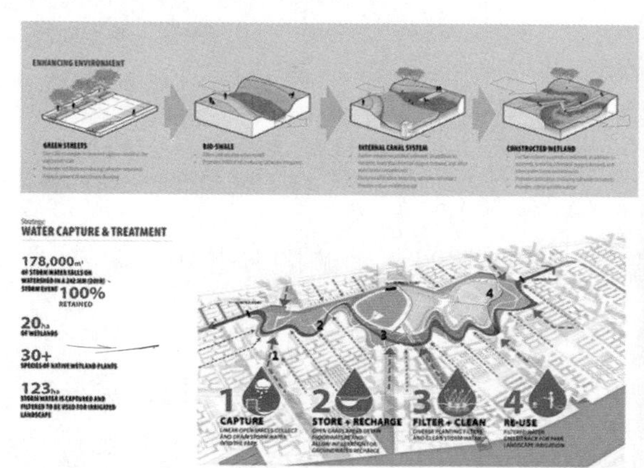

▲ 崇明岛新村沙总体规划/Chongming Island Xincunsha Master Plan by Sasaki，Shanghai，China，2014

◎数据分析图：数据往往使设计更加具有说服力。

▲ 边缘保护——对巴塔哥尼亚荒野进行低干预保护的原型，智利/Conservation at the Edge-prototyping Low-intervention Conservation in the Patagonian Wilderness by Reed Hilderbrand LLC Landscape Architecture，Chile，2017

◎现实场景的处理：这样的分析图能更好地对照设计与实景的关系。

2. 工程制图

设计方案确定以后与进入实施建设阶段之前，需要关于建造工艺的更为具体、细致和精确的设计图，这类图习惯上称为工程制图。工程制图能够清晰地描述所有设计元素及材料，确定其规格尺寸，并且标注现场建造和装配的具体方式。

工程制图的最终用途是为客户提供预算或结算、招投标、后期施工监理以及权益维护的依据，也是为了指导施工方的建造工作。一般来说，经设计方和客户双方签字盖章确认后的工程制图是具有法律效应的文件，规定了施工方需要建设的具体内容和建造方式，也是监理方管理、监管施工方的依据。当然，现场建造可能遇到与工程制图规定不符的情况，这时需要施工方上报客户和设计方，三方协调解决并由设计方出具修改意见，经客户确认后再交付施工方具体解决。在建造结束以后，施工方提供一套与现场空间条件、施工技术一致的竣工图交付给客户存档，以便后期权益维护和景物维护。

为了施工方准确理解设计图纸，进行更为方便、准确、高效地建造实施，工程制图需要遵循国家及行业相关设计规范、标准指导、技术文件等的要求，满足制图设计规范化和标准化要求。此外还包括景观施工工艺及施工操作规程，其他园林、建筑、结构、给排水、电气等相关规范。

◎制图规范标准◎

◎GB/T 50103—2010 总图制图标准
◎GB/T 50001—2001 房屋建筑制图统一标准
◎GB/T 50145—2007 土的工程分类标准
◎GB/T 50280—98 城市规划基本术语标准
◎GB/T 50563—2010 城市园林绿化评价标准
◎GB 50420—2007 城市绿地设计规范
◎GB 50298—1999 风景名胜区规划规范
◎GB 50180—93 城市居住区规划设计规范
◎CJJ/T 91—2002 园林基本术语标准
◎CJJ/T 85—2002 城市绿地分类标准
◎CJJ/T 121—2008 风景名胜区分类标准
◎CJJ 48—1992 公园设计规范
◎CJJ 67—95 风景园林图例图示标准
◎CJJ 75—97 城市道路绿化规划与设计规范
◎CJJ 82—2012 园林绿化工程施工及验收规范

——设计专题：手绘与电脑表现

手工绘图与电脑绘图的利弊、优劣之争，犹如胶卷相机与数码相机对摄影的影响之争，一直在专业领域，特别是对于初学设计者来说，都是一个巨大的困惑。

其实，手绘与电脑的表现目的是相同的，都是以视觉方式有效和准确地传达景观设计预案的空间形象与设计理念的应用型技术。而且，从思维的角度来看，两者都可以开发和辅助设计师的创造性思维，没有高低优劣之分。两者只是作为技术手段各有特点。

电脑表现的特点是设计精确、效率高、便于更改，还可以大量复制，操作非常便捷，更适宜于进行工序复杂和效果复杂的设计。电脑的设计效率非常高，特别是应对一些难度不大，却量大、烦琐、重复的工作，克服了手绘图纸制作周期长、修改劳动强度大、保存条件差等缺点，极大地提高了工作效率。随着电脑硬件技术的提升，电脑表现的复制和更改作用基于统一的模板、巨大的素材库和高速、精准的运算能力等。同时，电脑软件技术的开发与发展为景观设计带来了新的创作方式和艺术语言，拓展了设计师的思维空间。而且，平面软件在图像合成与处理、滤镜效果等方面，三维软件在视角、光源、材质、渲染等空间真实虚拟效果等方面，以及视频软件在剪辑、合成、特效等方面，都大大地加强了景观设计作品的表现力。当然，对电脑表现技术的掌握与精通需要比较长的时间。而且，近乎真实的虚拟表现可能会使设计创意湮没在炫丽的图面效果中而无法凸显。

手绘通常是设计构思初衷的体现。手绘通过脑、眼、手的结合，生动、形象地记录下创作灵感，并快速、直接地传达设计理念和表现。手绘最大的魅力就在于在记录和制作过程中带有很强烈的个人情绪，由此带来的偶然性可能极大地促进了思维方式和角度的转变，使设计更加生动。再者，在与设计团队、客户进行面对面交流时，手绘因为工具和媒介的不限可以快速表现设计者的思维与形象，这往往在时间有限的关键时刻十分重要。正是工具与操作的简单性，使设计师可以将注意力更集中于如何进行设计的思维层面，设计构想能够快速地展示出来。诚然，手绘看起来简单，但是要准确、灵活地表达设计构思和设计元素还需要深厚的绘画基础。可以说，良好的审美能力和绘画能力有时可以帮助设计者的设计思维更加敏捷、活跃，同时还能挖掘就连设计师自己都难以想象的设计潜质。

这里，需要纠正两个误区。一是“手绘是一幅纯粹的艺术作品”。诚然，手绘必须具有一定的艺术表现力。但是手绘作为一个设计表现技术来说，第一要务是表达设计主题和专业元素。有的设计师采用各种工具、材料、媒介、技法，极尽所能来表现一幅“漂亮”设计图，反而因为忽视了表现突出设计元素而造成交流对象无法辨识和把握设计意图。其实，手绘首要动机是要体现设计的“专业性”，首要目的是对设计信息清晰、准确、有效地记录或讲述。美观不可缺少，但不是首要的动机，很多初学设计者往往忽视了这一点。二是“学会了电脑绘图就可以做设计”。电脑绘图的技术进步越来越凸显了其高效的制作特性，但是如果过于重视技术，必将束缚了设计思维。更为严重的是，单一的、长期的机械式操作电脑工具进行景观设计，使设计师不得不把注意力分散在复杂的操作过程中，这样容易僵化和阻碍设计思维。即使是一位非常熟练使用电脑工具的设计者在设计的过程中也很容易因电脑设计工具的操作而中断自己敏捷的设计思维。久而久之，设计师不得不模仿、拷贝、拼凑、修改等剽窃他人的设计作品，创新思维和设计灵感逐渐枯竭，最后成为没有思想的机械傀儡。

因此，从两者的实际运用来说，首先要把握两者作为技术手段的各自优势以及之间的关系，然后根据设计主题、表现意图在不同设计阶段有选择性地使用。不可否认，手绘美术基础的理解与掌握和必要的艺术审美水平是能够创造性地高效使用数字化技术的前提。而手绘更适合在设计初期的构思与形象快速表达，电脑绘图更适合在设计构思和具体空间设计确定后进行成果展示的最终表现。而且前期的手绘资料往往能够更好地指导电脑绘图的制作，电脑绘图在绘制过程中也可能会对设计有一定的修正与补充作用。当然，设计师和绘图员的不同职业素养也对两者的掌握程度有不一样的要求。

实际上，不管是手绘还是电脑绘图都是一种设计表达的技术。技术的背后体现出的是思维，即思考的方式、角度、内容。表达技术是一种工具，不能替代设计结果；表达技术不是为了效果好看，而是为了正确表达思考。

▲某广场入口手绘概念/刘令贵（绘制）

▲迁西滦河水韵文化旅游区某区虚拟效果/刘清清（绘制）

——设计导则

1.表现图样

①配景对于景观空间氛围和设计深度至关重要，其作用在于表现特定场地的环境、地形、空间等特征。建立一个配景素材库是非常必要的，可以按照图片内容进行分类，以便在制作过程中的调取与重复使用。同时，也必须时常更新素材库，发掘新的表现技法和要素，时刻保持图样表现的独特性。

②图样中文字注释的作用同样不容忽视。因为文字注释既可作为图像说明解释之用，也可作为参考来启发设计灵感。要谨慎选择是否使用关键词、标签或是标题，要确保这些文字的使用不会影响到有效的交流和受众的深入理解。图样的尺度比例非常重要，因为这影响着表现内容的真实性与准确性。设计师可以根据场地规模、设计阶段和信息类型来选择合适的比例。

③平面图、剖立面图等二维表现图要表现出景观空间的情境，才能使二维图样更加生动，也拉近了虚拟图纸与真实空间的距离。透视图、鸟瞰图、轴测图等三维表现图样重在表现具体可见的完整意向，同时模拟的是特定时间和运动状态下的未来场景。无论多么完美的图样表现效果都无法掩盖失败的设计，而粗制滥造的图样则会彻底让好的设计失败。

2.工程制图

①工程制图首先必须符合制图规范。因为规范是不同专业之间达成的共识，以

便交流的顺畅。这有时可能会造成绘制过程的枯燥、乏味，但是还是必须坚持制图的准确性。

②工程制图要考虑很多关于现场施工和材料的具体问题。因此，设计师也比较容易陷入制图的技巧雕琢中。这是需要设计师始终保持最初设计理念。

③工程制图主要包括了由景观设计师来完成的关于空间造型与材料的设定内容。这些设定内容大部分是需要与其他专业相配合来完成的。所以，若是景观设计师对于各种专业技术有一定的理解与认识，就能减少设计与现场施工、设备配置等之间的差距。

④如今的工程制图基本上是使用AutoCAD等软件来完成的，但是在电脑绘图之前设计师还是有必要对创意部分和特殊处理部分进行详细的手绘示意，为绘图员精细、准确制图提供依据。

——观察记录

①平时在翻阅资料的时候，要思考一些风格独特的表现图片是如何进行绘制的，图片的场景氛围是通过什么配景、光景等来表现的，图片表现是渲染制作还是拼贴而成的，图片表现是否能充分表达设计构思。必要时，需对图片进行临摹绘制，学习和积累各种表现技巧。

②收集各种景观分析图，分析其中思路和原理，学习图中的各种表现符号的特点和思考其绘制方法，并记录下来以便今后借鉴使用。

第5章

设计未来

5.1 新生态、新责任——社会角色

进入21世纪，人类发展进程从“工业社会”迈向了“生态社会”的绿色资本与生态文明之路。生态危机的现实压迫和人类精神的超越追求促使人们反思工业文明的发展理念和发展模式。工业文明以来占据主导地位的人与自然分裂的二元论已经过时，人与自然有机统一的整体世界观正在形成，人类的生态观也正在发生新的认识变化。

现代社会依托工业发展创造了人类前所未有的财富和进步，这是值得肯定的。但是，现代工业背后根深蒂固的“自然理应为人类无偿所用”的观念直接影响着社会运作机制和市场经济关系。地球本身被变为开发的资源，大自然的所有一切也都被转变为商品，变成一种被肆意制造和买卖的资源。遭受生态危机之苦的不仅仅是自然世界本身，还包括人类自己。因而，人类应当重新审视人与自然的关系，考虑人类对生态圈负有的责任，从而建立自然和社会之间的和谐关系。

景观设计作为人类社会的实践活动之一，当然有责任和义务在社会活动中为解决生态问题做出自己的努力。从实践理念来看，构筑作为社会主体的人与周围环境——自然环境和社会环境及各种事物之间的和谐关系是景观设计应该秉持的理念。

最重要的是，景观设计完成社会角色自我转型是必然也是必须的趋势之一。景观设计应该从社会政策与市场机制的角度提倡和践行生态理念，并不只是以一种追求个人经济利益的孤立行为姿态而出现，而应该是连同城市设计、建筑设计领域等进行实践活动，充当在社会生态政策的制定、决策、运行过程中的参与者、呼吁者和践行者角色。

可以说，当代景观设计要实现社会职能和角色的“自觉”转型，增强社会价值评判的话语权，使其越来越有能力和有条件为人类的生态危机的解决和社会机制生态化的进步带来新的切入点。

5.2 新市场、新行业——设计效益

市场经济日益成为影响生活方方面面的主导性因素之一。设计作为一种社会行业和市场行为，无疑市场运作和经济效益对当今景观设计行业发展产生了重大影响。但是，设计作为一种审美价值，包括景观设计师在内的设计师都不太认同任何以市场货币形式来衡量审美或美感等无形事物价值的行为。因此，在面对强大的市场力量时，景观设计行业需要反思的是如何应对市场对景观设计的积极和消极影响。

好的景观设计会受到市场商品规律和服务价值的影响。通过系统合理地考虑土地使用、资源利用和社会效益，景观设计可以提升所在场地的经济价值，为社会创造就业并维护公众权益。但是，不容忽视的是，若是没有考虑整体的经济和社会平衡，受经济周期、供求关系和时尚变换等影响的市场有时也会给景观行业带来负面影响。设计行业主体若是缺乏对景观价值的敏感度，景观设计师若只是为了迎合市场短平快而追求巨额利润，而忽略了景观的人文和生态等重要价值，就会造成资源浪费、环境空间同质化等严重的后果。

另外，只有当市场具有一定的规范性和稳定性的情况下才能保障市场优化配置和景观价值的有效实现。尽管景观设计师或规划师会参与到特定的开发中，但这仍需多个层面来协同合作以实现公共权益平衡。社会决策层需要制定良好的市场导向和鼓励政策、法律来保障、规范景观设计行业各个市场主体行为；行业协会通过行业自觉和协调机制来推动行业竞争的有序；专业学会和景观教育除了更新研究理论、建全专业体系、培养专业人才、推动学术交流的必要活动之外，更重要的是通过多种媒体与网络影响来提高决策层、公众和市场对于景观价值的社会认知和判断水平；相关企业应当改变过去恶性价格竞争和投机方式，而是以长期战略性发展观构建核心品牌和特色服务、产品体系，以取得市场竞争力优势，实现设计品质和创

意的经济效益。

景观设计师或规划师也应当提高自身的设计务实能力，更为重要的是树立社会责任观和职业道德观，保持创新、激情、浪漫的职业情绪，独立思考，积极灵活参与到市场竞争中去，在收获经济价值的同时实现自我价值。

在全球化经济扩张和市场经济主导的浪潮中，景观设计行业也同样面临市场化、规范化的问题。设计行业发展和进步应当在社会效益、经济效益、生态效益上取得平衡来实现设计效益，迎接市场竞争和挑战。

5.3 新时代、新空间——日常生活

21世纪依然是全球化时代，但是随着以互联网崛起为标志的信息技术的蓬勃发展，全球已然发生了结构性的转变。市场经济的全球扩展，科学技术的全球联网和生态环境的全球互动构成了这个时代的主要特征。这种互动带动了多元视界下的时间和空间重构。

在这场时空变迁中，现代人面临着全方位的嬗变和不定性，时空的错位和重组无所不在。人们在肯定全球化带来利好的同时，也重新审视全球化潜在的危机。除了全球化的生态问题，就人类自身而言还包括了身心健康问题、地域文化问题。

特别是进入到信息网络时代后，现实空间被压缩和虚拟空间被扩大，这加重了现代人生存上的紧迫感（危机感、压力感等）和心理上的疏远感（郁闷感、冷漠感等），悄然深刻地改变着人类在家庭关系、邻里关系、社区关系等方面的思维方式、行为模式，日益体现出使人类生活模式单一化的趋势。由此，在“数字化”状态下人自身健康问题突出。

不可否认的是，日益完善的全球化正在融合地域性、民族性与国际性，使地方的、民族的文化继续为全球文明做贡献，而全球文明又反过来推动民族、地方文化的更新和发展。但在具体的操作层面，关于地域特色的思考还在全球化背景下不断深入。

为此，全球化的宏观时空变迁对景观设计提出了新的挑战。景观设计本着为真

实的空间和具体的人而设计之根本，从微观上需要更加着眼于人们具体的日常生活行为和心理。一方面，日常生活方式的转变、个性化追求使得习以为常的环境空间（城市广场、公园、植物园等）难以满足现代人的功能需要，也出现了一些新功能需求下的环境空间（观光旅游园、遗址保护区、综合主题公园等）。这就促使设计师需要应对旧空间的改造与升级，新空间的思考与创新。另一方面，思维多元化、时空网络化使得人们对于日常交往出现前所未有的心理需求，反映在地域上即为场所精神认同和归属。这就需要设计师深刻理解和探究现代的心理需求，挖掘地域文化并将之显现在景观环境中，创造有利于人们健康地承载文化记忆的景观环境。

可以说，在全球意识正成为全人类及社会发展共同价值取向的时空背景下，在一个复杂而矛盾联系的全球化世界中，景观设计应致力于在广度、强度和深度上解决现代人日常生活的行为和心理需求，并在此基础上寻找代表时代文化特色景观的实践途径。

5.4 新思维、新技术——创新务实

以往400年的简单性科学正在向未来复杂性科学转变。现代全球化信息所具有的规模大、复杂度高、功能多、速度快、整体性强等特点，加之现代科学继相对论和量子力学等带来的技术革命所造就的巨量科技知识成果，促使新的思维方式要突破既有思维范式，即深刻转向系统思维方式。系统思维方式包括了整体性思维、综合性思维、立体性思维、结构性思维、最佳性思维、信息性思维、控制性思维和协调性思维等。

景观规划设计同样面临着如何应对当今越来越复杂的自然和社会环境，在现代科技革命浪潮中如何运用务实的思维方式和设计技术来实现设计创新等一系列问题。

无疑，系统思维是景观设计师更有效地理解和研究复杂环境空间的一个至关重要的思维方式。景观环境涵盖了地理圈、生物圈、人类文化圈三个层级的时空变化，也包括社会形态、地理环境、科技水平、历史背景、人文精神、审美情趣等多

方面的时空因素。只有把景观环境看作一个系统，不仅需要整体性、局部性的宏微分析，更需要关注宏微母子系统之间的复杂网络关系，才能大尺度、大跨度、全维度地，迅速、全面、深刻地分析或把握景观特征，并以最优化的方式满足景观需求。

现代尖端科学技术的丰硕成果使得景观创意、设计、施工发生重大变化。新材料及结构的应用又会激发设计师创造新颖的景观形式和追求崭新的视觉效果。生态技术的发展是促进今天景观设计和施工进步的重要动力。航测和卫星遥感技术的应用和计算机技术的升级，包括近年发展起来的增强现实和人工智能技术有望促成设计工具的大拓展，使景观设计朝着更加科学化的方向发展。

总体来说，景观设计是一种系统化的综合设计。现代科学思维和技术变革无疑对提高人们的创新思维水平和实践务实质量是极为重要的，推动景观规划设计向着合理化、科学化的道路进行不断追求和探索。

5.5 新专业、新使命——专业教育

从知识发展的逻辑来看，“混沌—分化—整合”式螺旋上升的路线是科学知识发展的一般路线，也是学科发展的基本特点。近代以来，单一学科分化愈来愈细，愈来愈专业，学科分化成为学科发展的主流。但是，近几十年来，学科整合趋势日益增强，不再盲目地细分学科，反而倾向于把不同的学科整合起来。

景观设计是一门适应社会发展需要的应用学科，在把握景观现象特殊性的基础上，以规划学、建筑学、生态学为主干，外延社会学、人类学、心理学、艺术学等相关学科的研究范式、方法和工具，改变过去单一的、静态的、线性的景观思维方法，逐步形成非线性的、多元的、整合的思维方式，从而也提升了面对景观复杂问题和多变环境的应变与解释能力。因此，规划师、建筑师和景观设计师的通力合作是必然的趋势，这样才能使规划、景观、建筑和谐统一、紧密结合，从而创造出更为宜人的环境。跨学科发展和行业市场扩大，对景观设计教育在学科体系建设、培养目标、教学内容和方式提出了新的要求。

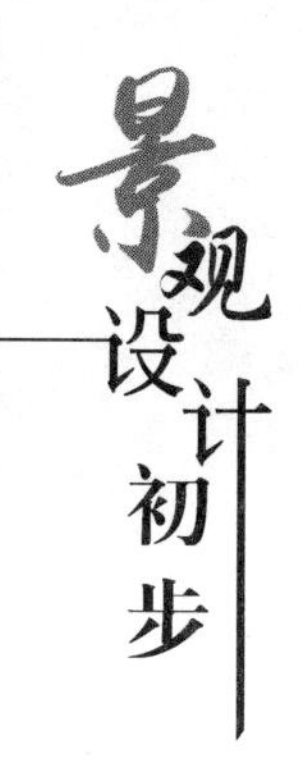

现代景观教育普遍缺乏职业道德和设计伦理教育，这非常不利。当代景观教育应当帮助专业人才树立勇于承担社会责任和恪守职业道德的专业操守。伦理教育不仅要让专业人才领会设计对于自然和社会的价值和谐是非常重要的，还要让未来的景观设计师（规划师）学会独立思考，塑造自我设计品格。另外，当代景观教育要以多元化的视角让学习者在被教育过程中发现适应自身性格和能力的景观设计工作及其他相关职业，拓展学习者的就业发展面，共同为景观设计协作和景观价值实现做出努力。

景观教育除了培养专业人才之外，还需要肩负面向社会宣扬景观设计的社会使命，即将景观的社会、经济、生态、文化价值与作用渗透在决策管理、设计创意、工程实施中，扩大景观设计在社会上的影响力，使公众更加熟悉和了解景观设计专业在城市建设和自然环境保护中所发挥的重要作用。其实也为景观设计从业者创造良好的社会认同环境，促进景观设计专业的良性发展。

另外，景观教育需要应对全球化和网络信息社会中的从业者的学习特点和信息接收方式，采取适应于新生代年轻人的教学方式和内容。因为，新生代是景观设计的未来。

结束语

伴随着社会经济转型、科学技术的革新、人们日常生活方式和观念的转变，发展至今150余年的现代景观设计无论在内涵和外延上都发生了重大改变。这一改变也反映了人类认知社会和自然、个人与群体等关系的历程，从侧面记录和体现了人类文明的发展。

对于中国景观设计而言，活跃的市场经济、急剧的城市化进程、强烈的文化认同等无疑给景观设计带来了挑战与机遇。我们应该具备以下条件：

全球视野——看到趋势，抓住机会，学习借鉴。在更为宏伟的市场经济竞争规模和深刻的全球化进程中学习借鉴世界景观设计的最新理念，把握全球景观设计的发展趋势。

人类视界——危机意识，怜悯姿态，持续发展。居安思危，以一种强烈的危机意识和敬畏之心来处理人类发展与地球自然的关系，关注现代社会人与人日常交往的日常心理和行为特征，使塑造人类文化环境的景观设计为人类社会与自然生态、人类文明与地球福祉的可持续发展做出努力。

中国视点——立足实情，文化延续，引领思潮。立足中国市场经济环境和空间环境，在实现景观设计效益的同时传承、创新中国景观文化，成为世界景观设计潮流引领者之一。

希望此刻，你能对绪论中提出的“景观是什么”“景观设计能做什么”景观设计师该怎么做”等问题，做出了自己的决定！

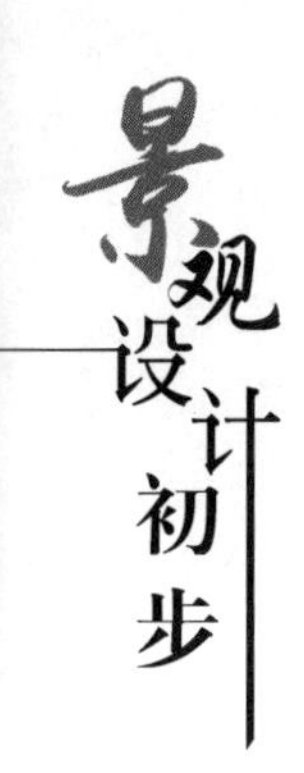

图片来源

http://aasarchitecture.com
http://andberlin.com
http://aquatix.playlsi.com
http://archinect.com
http://art-now-and-then.blogspot.co.uk
http://aspect.net.au
http://coope.mx
http://designaholic.mx
http://en.landschaftspark.de
http://fqwimages.com
http://gothamist.com
http://grant-associates.uk.com
http://hapacobo.com
http://he.xinhuanet.com
http://hershbergerdesign.com
http://icojump.in
http://imgur.com
http://imgur.com
http://jennarocca.com
http://jimsanborn.net
http://kassel-marketing.de
http://lola.land
http://macyamanouchi.blogspot.com
http://magicalbridge.org
http://mapio.net
http://miguelmartindesign.com
http://misawa.ndc.co.jp
http://mooool.com
http://news.163.com
http://ohtori-c.com
http://olafureliasson.net
http://oldblog.cmoa.org
http://phillywatersheds.org
http://philosophyofscienceportal.blogspot.com.es
http://plateauartstudio.blogspot.com
http://psa.trueart.com
http://publicdelivery.org
http://ragdale.org
http://redtri.com
http://richhaagassoc.com
http://studiojt.com.au
http://super-bfg.com
http://thespringmount6pack.com
http://urbanterrains.com
http://www.0199.com.cn
http://www.7000eichen.de
http://www.abpaisatgistes.cat
http://www.alamy.com

http://www.archdaily.cn

http://www.archdaily.com

http://www.archivitamins.com

http://www.arquitectes.cat

http://www.arquiteturapaisagista.utad.pt

http://www.arthurerickson.com

http://www.artworksforchange.org

http://www.bardula.com

http://www.benlewis.tv

http://www.botaoead.com

http://www.cagroup.cn

http://www.carlsterner.com

http://www.christojeanneclaude.net

http://www.countsstudio.com

http://www.dianliwenmi.com

http://www.dreiseitl.com

http://www.earthscape.co.jp

http://www.elkemo.com

http://www.enea.ch

http://www.fieldoperations.net

http://www.gad.com.cn

http://www.gooood.hk

http://www.gp-b.com

http://www.hassellstudio.com

http://www.horizons-sancy.com

http://www.huffingtonpost.com

http://www.ilparcocentralediprato.it

http://www.ilparcocentralediprato.it

http://www.indiahse.com

http://www.innauer-matt.com

http://www.landezine.com

http://www.latzundpartner.de

http://www.lightsontampa.org

http://www.locusassociates.com

http://www.mainegardens.org

http://www.marthaschwartz.com

http://www.mayalin.com

http://www.mbld.co.uk

http://www.melk-nyc.com

http://www.nan-xu.com

http://www.neermanfernand.com

http://www.phillywatersheds.org

http://www.plataformaarquitectura.cl

http://www.play-scapes.com

http://www.pwpla.com

http://www.ralphrichter.com

http://www.razummedia.com

http://www.revistaplot.com

http://www.rhaa.com

http://www.rmzxb.com.cn

http://www.sasaki.com

http://www.scottmcd.net

http://www.shopwildbirdco.com

http://www.smithgroupjjr.com

http://www.smithgroupjjr.com

http://www.som.com

http://www.suede36.be

http://www.swagroup.com

http://www.tate.org.uk

http://www.thepaper.cn

http://www.thetastesetters.com

http://www.thilofrank.net

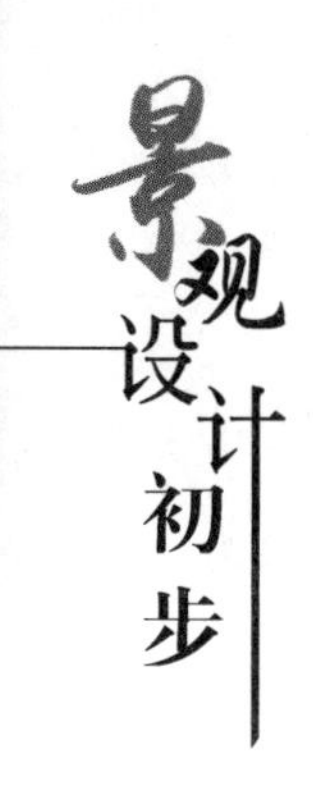

http://www.thupdi.com
http://www.timnobleandsuewebster.com
http://www.tomostudio.com
http://www.topotek1.de
http://www.urcities.com
http://www.vojs.cn
http://www.wallpaperup.com
http://www.wbla-hk.com
http://www.weissmanfredi.com
http://www.yannickciancanelli.com
http://www.ztsla.com
https://aoarchitect.us
https://architectureprize.com
https://architizer.com
https://archpaper.com
https://commons.wikimedia.org
https://davisla.wordpress.com
https://divisare.com
https://divisare.com
https://en.wikipedia.org
https://farrowpartnership.wordpress.com
https://generativelandscapes.wordpress.com
https://john-blood.squarespace.com
https://johnspiess.wordpress.com
https://landscapeperformance.org
https://landscapeperformance.org
https://lemons2williams.wordpress.com
https://nathandestro.wordpress.com
https://naughtylily.wordpress.com
https://places2explore.wordpress.com
https://ranchoreubidoux.com
https://sculpturetwo.wordpress.com
https://s-media-cache-ak0.pinimg.com
https://tclf.org
https://thedrawingprize.worldarchitecturefestival.com
https://thehundreds.com
https://upload.wikimedia.org
https://uwpressblog.com
https://www.archdaily.cn
https://www.archdaily.com
https://www.architectsjournal.co.uk
https://www.arquitectes.cat
https://www.asla.org
https://www.bbg.org
https://www.behance.net
https://www.booyorkcity.com
https://www.bukowskis.com
https://www.google.co.jp
https://www.juttariegel.com
https://www.lglalandscape.com
https://www.math.nyu.edu
https://www.metropolitanmomentum.xyz
https://www.pinterest.com
https://www.raic.org
https://www.reddit.com
https://www.studioroosegaarde.net
https://www.toposmagazine.com

参考文献

[1] 潘纪一，朱国宏. 世界人口通论[M]. 北京：中国人口出版社，1991.

[2] 路遇，滕泽之. 中国人口通史 [M]. 济南：山东人民出版社，2000.

[3] 张善余. 世界人口地理[M]. 上海：华东师范大学出版社，2002.

[4] 葛剑雄，侯杨方，张根福. 人口与中国的现代化：1850年以来[M]. 上海：学林出版社，1999.

[5] 裴广川. 环境伦理学[M]. 北京：高等教育出版社，2002.

[6] 齐康. 尊重学科，发展学科[J]. 中国园林，2011（5）：13.

[7] 沃克. 美国风景园林发展历史及现状[J]. 风景园林，2009（5）：22–25.

[8] 朱建宁，周剑平. 论Landscape的词义演变与Landscape Architecture的行业特征[J]. 中国园林，2009（6）：45–49.

[9] 俞孔坚. 生存的艺术：定位当代景观设计学[J]. 建筑学报，2006（10）：39–43.

[10] 林广思. 景观词义的演变与辨析（1）[J]. 中国园林，2006（6）：42–45.

[11] 林广思. 景观词义的演变与辨析（2）[J]. 中国园林，2006（7）：21–25.

[12] 俞孔坚. 还土地和景观以完整的意义：再论“景观设计学”之于“风景园林”[J]. 中国园林，2004（7）：47–51.

[13] 刘家麒，王秉洛，李嘉乐. 对“还土地和景观以完整的意义：再论《“景观设计学”之于“风景园林”》一文的审稿意见[J]. 中国园林，2004（7）：51–54.

[14] 孙筱祥. 风景园林（LANDSCAPE ARCHITECTURE）从造园术、造园艺术、风景造园——到风景园林、地球表层规划[J]. 中国园林，2002（4）：8–13.

[15] 王晓俊. ANDSCAPE ARCHITECTURE是“景观/风景建筑学”吗?[J]. 中国园林，1999（6）：46–48.

[16] 王绍增. 必也正名乎——再论LA的中译名问题[J]. 中国园林，1999（6）：49–51.

[17] 李嘉乐，刘家麒，王秉洛. 中国风景园林学科的回顾与展望[J]. 中国园林，1999（1）：38–41.

[18] 刘家麒. 风景建筑学——专业定义[J]. 中国园林，1991（4）：43-45.
[19] 俞孔坚. 论景观概念及其研究的发展[J]. 北京林业大学学报，1987（4）：433-439.
[20] 朱有玠. “园林”名称溯源[J]. 中国园林，1985（2）：33.
[21] 吴良镛. 人居环境科学导论[M]. 北京：中国建筑工业出版社，2001.
[22] 刘滨谊. 现代景观规划设计[M]. 3版. 南京：东南大学出版社，2010.
[23] 俞孔坚. 景观设计:专业学科与教育[M]. 2版. 北京：中国建筑工业出版社，2016.
[24] 苏立文. 东西方美术的交流[M]. 陈瑞林，译. 南京：江苏美术出版社，1998.
[25] 利奇温. 十八世纪中国与欧洲文化的接触[M]. 朱杰勤，译. 北京：商务印书馆，1991.
[26] 沈福伟. 中西文化交流史[M]. 上海：上海人民出版社，1985.
[27] 拉特利奇. 大众行为与公园设计[M]. 王求是，高峰，译. 北京：中国建筑工业出版社，1990.
[28] 亚历山大. 建筑模式语言：城镇・建筑・构造（上、下）[M]. 王听度，周序鸿，译. 北京：知识产权出版社，2002.
[29] 盖尔. 交往与空间[M]. 何人可，译. 北京：中国建筑工业出版社，2002.
[30] 雅各布斯. 美国大城市的死与生[M]. 金衡山，译. 南京: 译林出版社,2005.
[31] 芦原义信. 街道的美学[M]. 尹培桐，译. 天津：百花文艺出版社，2006.
[32] 芦原义信. 外部空间设计[M]. 尹培桐，译. 南京：江苏凤凰文艺出版社，2017.
[33] 麦克哈格. 设计结合自然[M]. 芮经纬，译. 天津：天津大学出版社，2006.
[34] 西蒙兹. 大地景观：环境规划设计手册[M]. 程里尧，译. 北京：中国水利水电出版社，2008.
[35] 肖笃宁. 景观生态学[M]. 北京：科学出版社，2010.
[36] 王云才. 景观生态规划原理[M]. 2版. 北京：中国建筑工业出版社，2014.
[37] 卡尔松. 环境美学：自然、艺术与建筑的鉴赏[M]. 杨平，译. 成都：四川人民出版社，2006.
[38] 卡尔松. 自然与景观[M]. 陈李波，译. 长沙：湖南科学技术出版社，2006.
[39] 林玉莲，胡正凡. 环境心理学[M]. 北京：中国建筑工业出版社，2000.
[40] 林奇. 城市意象[M]. 方益萍，何晓军，译. 北京：华夏出版社，2001.
[41] 林奇. 城市形态[M]. 林庆怡，等译. 北京：华夏出版社，2001.
[42] 阿恩海姆. 艺术与视知觉[M]. 滕守尧，朱疆源，译. 成都：四川人民出版社，1998.
[43] 考夫卡. 格式塔心理学原理[M]. 北京：北京大学出版社，2010.

[44] 贝尔. 景观的视觉设计要素[M]. 王文彤，译. 北京：中国建筑工业出版社，2004.
[45] 李道增. 环境行为学概论[M]. 北京：清华大学出版社，1999.
[46] 诺曼. 设计心理学[M]. 梅琼，译. 北京：中信出版社，2003.
[47] 张玉明，周长亮，王洪书，等. 环境行为与人体工程学[M]. 北京：中国电力出版社，2011.
[48] 亨利· 德赖弗斯事务所. 人体工程学图解[M]. 朱涛，译. 北京：中国建筑工业出版社，1998.
[49] 诺伯舒兹. 场所精神：迈向建筑现象学[M]. 武汉：华中科技大学出版社，2010.
[50] 沈克宁. 建筑现象学[M]. 北京：中国建筑工业出版社，2008.
[51] 吴良镛. 中国建筑与城市文化[M]. 北京：昆仑出版社，2009.
[52] 冯纪忠. 与古为新：方塔园规划[M]. 北京：东方出版社，2010.
[53] 刘滨谊. 风景景观工程体系化[M]. 北京：中国建筑工业出版社，1990.
[54] 成玉宁，杨锐. 数字景观：中国第二届数字景观国际论坛[M]. 南京：东南大学出版社，2015.
[55] 董治年. 共生与跨界：全球化背景下的环境可持续设计[M]. 北京：化学工业出版社，2015.
[56] 帕多万. 比例——科学・哲学・建筑[M]. 周玉鹏，刘耀辉，译. 北京：中国建筑工业出版社，2005.
[57] 芒福汀. 绿色尺度[M]. 陈贞，高文艳，译. 北京：中国建筑工业出版社，2004.
[58] 高桥鹰志+EBS组. 环境行为与空间设计[M]. 陶新中，译. 北京：中国建筑工业出版社，2006.
[59] 梁思成. 清式营造则例[M]. 北京：清华大学出版社，2006.
[60] 王贵祥，刘畅，段智钧. 中国古代木构建筑比例与尺度研究[M]. 北京：中国建筑工业出版社，2011.
[61] 丹尼斯，布朗. 景观设计师便携手册[M]. 刘玉杰，等译. 北京：中国建筑工业出版社，2002.
[62] 马库斯，弗朗西斯. 人性场所：城市开放空间设计导则[M]. 俞孔坚，等译. 北京：北京科学技术出版社，2017.
[63] 宋立民. 视觉尺度景观设计[M]. 北京：中国建筑工业出版社，2007.
[64] 土木学会. 道路景观设计[M]. 章俊华，等译. 北京：中国建筑工业出版社，2003.
[65] 雅各布斯. 伟大的街道[M]. 王又佳，金秋野，译. 北京：中国建筑工业出版社，2009.

[66] 霍金. 时间简史[M]. 许明贤，吴忠超，译. 长沙：湖南科学技术出版社，2002.
[67] 吴国盛. 时间的观念[M]. 北京：北京大学出版社，2006.
[68] 加迪. 文化与时间[M]. 郑乐平，胡建平，译. 杭州：浙江人民出版社，1988.
[69] 海德格尔. 存在与时间[M]. 陈嘉映，王庆节，译. 北京：生活·读书·新知三联书店，2006.
[70] 蒂. 景观建筑的形式与肌理：图示导论[M]. 袁海贝，译. 大连：大连理工大学出版社，2011.
[71] 李泽厚. 美学四讲[M]. 北京：生活·读书·新知三联书店，2004.
[72] 罗，科特. 拼贴城市[M]. 童明，译. 北京：中国建筑工业出版社，2003.
[73] 彭一刚. 中国古典园林分析[M]. 北京：中国建筑工业出版社，2008.
[74] 彭一刚. 建筑空间组合论[M]. 3版. 北京：中国建筑工业出版社，2008.
[75] 贡布里希. 秩序感：装饰艺术的心理学研究[M]. 杨思梁，徐一围，范景中，译. 南宁：广西美术出版社，2015.
[76] 波泰格，普灵顿. 景观叙事：讲故事的设计实践[M]. 张楠，许悦萌，汤莉，李铌，译；北京：中国建筑工业出版社，2015.
[77] 邱天怡. 审美体验下的当代西方景观叙事研究[M]. 哈尔滨：东北林业大学出版社，2016.
[78] 刘滨谊. 纪念性景观与旅游规划设计[M]. 南京：东南大学出版社，2005.
[79] 李开然. 景观纪念性导论[M]. 北京：中国建筑工业出版社，2005.07.
[80] 霍尔登，利沃塞吉. 景观设计学[M]. 朱丽敏，译. 北京：中国青年出版社，2015.
[81] 徐清. 景观设计学[M]. 上海：同济大学出版社，2010.
[82] 布思. 住宅景观设计[M]. 马雪梅，等译. 北京：北京科学技术出版社，2013.
[83] Tom Turner. 园林史：公元前2000—公元2000年的哲学与设计[M]. 李旻，译. 北京：电子工业出版社，2016.
[84] 成玉宁. 现代景观设计理论与方法[M]. 李哲，肖蓉，译. 南京：东南大学出版社，2010.
[85] 曾伟. 西方艺术视角下的当代景观设计[M]. 南京：东南大学出版社，2014.
[86] 伯顿，沙利文. 图解景观设计史[M]. 天津：天津大学出版社，2013.
[87] 科特金. 全球城市史[M]. 王旭，译. 北京：社会科学文献出版社，2010.
[88] 邬建国. 景观生态学：格局、过程、尺度与等级[M]. 2版. 北京：高等教育出版社，2007.
[89] 杨至德. 风景园林设计原理[M]. 武汉：华中科技大学出版社，2015.